Einfache Berechnungsmethoden für Verbundkonstruktionen

Träger auf elastischen Stützen
Fachwerkträger mit biegesteifen Gurten

Von

Dr.-Ing. Hannskarl Bandel
Berlin-Charlottenburg

Mit 95 Abbildungen

Springer-Verlag
Berlin / Göttingen / Heidelberg
1957

Unter dem Titel

Beitrag zur Berechnung von Fachwerkträgern
mit unmittelbar belasteten biegesteifen Gurten, insbesondere von Fachwerkverbundträgern

von der Fakultät für Bauingenieurwesen der Technischen Universität Berlin-Charlottenburg
zur Verleihung der akademischen Würde eines Doktor-Ingenieurs genehmigte

Dissertation

vorgelegt von Dipl.-Ing. Hannskarl Bandel, Berlin-Charlottenburg

Berichter: Prof. Dr.-Ing. Konrad Sattler
Berichter: Prof. Dr.-Ing. Werner Koepcke

Tag der mündlichen Prüfung: 1. Dezember 1955

ISBN 978-3-642-52635-0   ISBN 978-3-642-52634-3 (eBook)
DOI 10.1007/978-3-642-52634-3

Vorwort

In dem Bestreben, die Anwendung von Verbundträgern, die sich seit mehreren Jahren in der Praxis ausgezeichnet bewähren, zu erweitern, entstanden die folgenden Untersuchungen über Fachwerkverbundträgersysteme. Dabei wurde im Hinblick auf die Anforderungen der Praxis versucht, neben den genauen Lösungen auch Näherungslösungen zu entwickeln, in denen nur die wesentlichen Einflüsse berücksichtigt werden.

Meinem hochverehrten Lehrer, Herrn Professor Dr.-Ing. Konrad Sattler, möchte ich für seine mir gegebenen Anregungen und Ratschläge danken, die mir bei der Bearbeitung der auftretenden Probleme sehr wertvoll waren.

Berlin-Charlottenburg, im Januar 1957

Hannskarl Bandel

Inhaltsverzeichnis

A. Einleitung

Die vorliegende Arbeit gliedert sich in drei wesentliche Abschnitte. Die darin gezeigten Entwicklungen wurden erforderlich, um selbst schwierigste Systeme in verhältnismäßig einfacher Weise berechnen zu können.

Der erste Abschnitt, der die Kapitel B und C beinhaltet, bringt Näherungsverfahren, die es erlauben, jede beliebige Verbundkonstruktion zu berechnen, gleichgültig, ob es sich um Brücken- oder Hochbaukonstruktionen handelt. Diese Entwicklungen waren notwendig, denn die bisherigen Näherungsverfahren hatten jedes für sich nur einen beschränkten Anwendungsbereich.

Im zweiten Abschnitt, Kapitel D, wird der Träger auf elastischen Stützen behandelt. Es gelang hierbei, das Momentenausgleichverfahren von Kani auch auf diese Träger zu erweitern. Es können z. B. Längsträger auf elastischen Querträgern mit diesem Iterationsverfahren einfach berechnet werden. Besonders vorteilhaft läßt es sich aber für die Berechnung von Fachwerkträgern mit biegesteifen Gurten verwenden, bzw. es ermöglicht überhaupt erst eine einfache Berechnung solcher Systeme.

Der dritte Abschnitt, der die Kapitel E und F umfaßt, behandelt die Berechnung von Fachwerkträgern mit biegesteifen Lastgurten. Das gezeigte Verfahren wird allgemein entwickelt, und zwar sowohl für Stahlkonstruktionen als auch für Verbundkonstruktionen. Durch sinngemäße Anwendung der in den ersten beiden Abschnitten gezeigten Entwicklungen und Formeln können solche Systeme, gleichgültig, ob sie äußerlich statisch bestimmt oder statisch unbestimmt sind, ohne allzu großen Rechenaufwand erfaßt werden.

B. Berechnung von statisch bestimmten Verbundträgern bzw. Verbundträgergurten

Allgemeines

Die genaue Berechnung von Verbundträgern ist bekannt, und zwar zur Zeit $t = 0$ und zur Zeit $t = t_n$ unter Berücksichtigung von Kriechen und Schwinden des Betons [1], [2], [7], [8][1]. Für Sonderfälle (z. B. Brückenträger, Stahlbetonquerschnitte) sind Näherungsformeln vorhanden [3], [4], [6], [8]. Diese gelten nicht für Verbundträgergurte, da hier besondere Querschnittsverhältnisse vorliegen. Nachfolgend wird ein neues Näherungsverfahren entwickelt, das allgemeine Gültigkeit hat und zu sehr einfachen Endformeln führt.

Wie Sattler [2] nachgewiesen hat, kann bei Verbundquerschnitten mit konstantem Elastizitätsmodul des Betons gerechnet werden.

Die Querschnittsverhältnisse bei Verbundgurten erfordern die Kenntnis der anteilmäßigen Verteilung der Querkraft auf Beton und Stahl. Entsprechende Untersuchungen wurden nachfolgend erstmalig durchgeführt.

---

[1] Die in eckigen Klammern kursiv gesetzten Ziffern verweisen auf das Literaturverzeichnis S. 69.

1. Querschnittswerte (gültig für beliebige Verbundträger)

a) Verbundträger mit normaler Betonplatte.

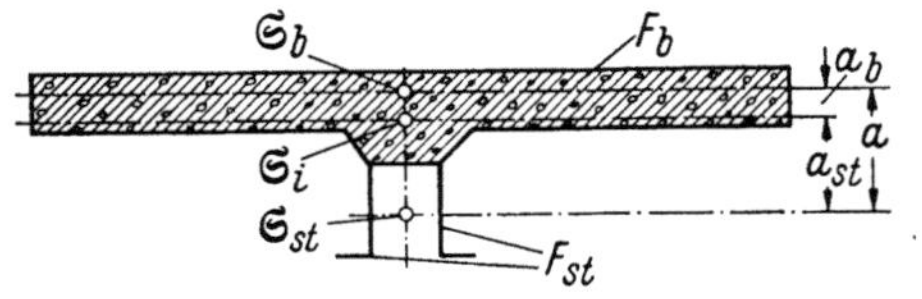

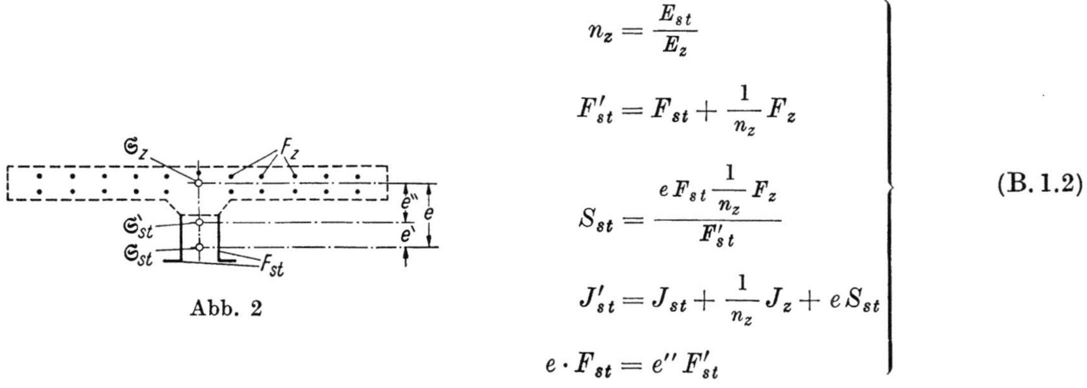

Abb. 1

$$\left.\begin{aligned}
n &= \frac{E_{st}}{E_b} \\[2mm]
F_i &= F_{st} + \frac{1}{n}F_b \\[2mm]
S_i &= \frac{a\,F_{st}\dfrac{1}{n}F_b}{F_i} \\[2mm]
J_i &= J_{st} + \frac{1}{n}I_b + a\,S_i \\[2mm]
a\cdot F_{st} &= a_b\,F_i
\end{aligned}\right\} \qquad \text{(B.1.1)}$$

In F_{st} und J_{st} kann in Trägerlängsrichtung liegende Plattenbewehrung (F_e; J_e) berücksichtigt werden.

b) Verbundträger mit vorgespannter Betonplatte. α) Stahlquerschnitt (einschl. Vorspannstahl).

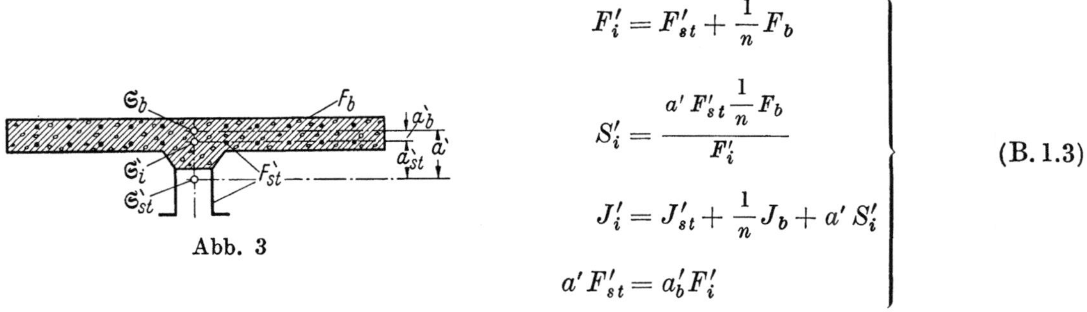

Abb. 2

$$\left.\begin{aligned}
n_z &= \frac{E_{st}}{E_z} \\[2mm]
F'_{st} &= F_{st} + \frac{1}{n_z}F_z \\[2mm]
S_{st} &= \frac{e\,F_{st}\dfrac{1}{n_z}F_z}{F'_{st}} \\[2mm]
J'_{st} &= J_{st} + \frac{1}{n_z}J_z + e\,S_{st} \\[2mm]
e\cdot F_{st} &= e''\,F'_{st}
\end{aligned}\right\} \qquad \text{(B.1.2)}$$

β) Verbundquerschnitt.

Abb. 3

$$\left.\begin{aligned}
F'_i &= F'_{st} + \frac{1}{n}F_b \\[2mm]
S'_i &= \frac{a'\,F'_{st}\dfrac{1}{n}F_b}{F'_i} \\[2mm]
J'_i &= J'_{st} + \frac{1}{n}J_b + a'\,S'_i \\[2mm]
a'\,F'_{st} &= a'_b\,F'_i
\end{aligned}\right\} \qquad \text{(B.1.3)}$$

2. Verteilungsgrößen zur Zeit $t = 0$ und Spannungen

In bekannter Weise [5] ergeben sich infolge äußerer im Schwerpunkt des Verbundquerschnittes angreifender Längskraft N_0 bzw. N'_0 und Momente M_0 bzw. M'_0 die nachfolgenden Verteilungsgrößen.

a) Querschnitt ohne Vorspannung.

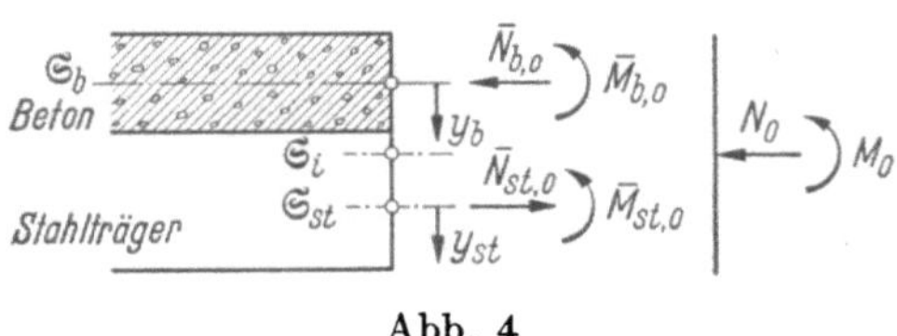

Abb. 4

$$\begin{aligned}
{}^M N_{b,0} &= \frac{S_i}{J_i} M_0 & {}^N N_{b,0} &= \frac{\frac{1}{n} F_b}{F_i} N_0 & \bar{N}_{b,0} &= {}^M N_{b,0} \,\widehat{\mp}\, {}^N N_{b,0} \\[2mm]
{}^M N_{st,0} &= \frac{S_i}{J_i} M_0 & {}^N N_{st,0} &= \frac{F_{st}}{F_i} N_0 & \bar{N}_{st,0} &= {}^M N_{st,0} \,\widehat{\mp}\, {}^N N_{st,0} \\[2mm]
{}^M M_{b,0} &= \frac{\frac{1}{n} J_b}{J_i} M_0 & & & \bar{M}_{b,0} &= {}^M M_{b,0} \\[2mm]
{}^M M_{st,0} &= \frac{J_{st}}{J_i} M_0 & & & \bar{M}_{st,0} &= {}^M M_{st,0} \\[2mm]
\sigma_{b,0} &= \pm \frac{\bar{N}_{b,0}}{F_b} \pm \bar{M}_{b,0} \frac{y_b}{J_b} ; & \sigma_{st,0} &= \pm \frac{\bar{N}_{st,0}}{F_{st}} \pm \bar{M}_{st,0} \frac{y_{st}}{J_{st}}
\end{aligned} \right\} \quad \text{(B. 2.1)}$$

b) Querschnitt mit Vorspannstahl.

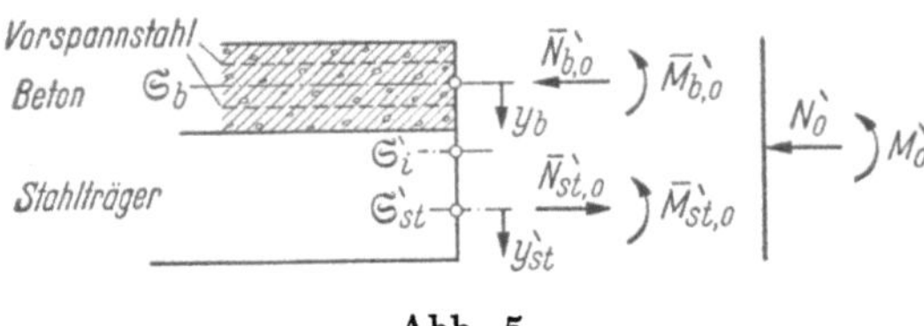

Abb. 5

$$\begin{aligned}
{}^M N'_{b,0} &= \frac{S'_i}{J'_i} M' & {}^N N'_{b,0} &= \frac{\frac{1}{n} F_b}{F'_i} N'_0 & \bar{N}'_{b,0} &= {}^M N'_{b,0} \,\widehat{\mp}\, {}^N N'_{b,0} \\[2mm]
{}^M N'_{st,0} &= \frac{S'_i}{J'_i} M' & {}^N N'_{st,0} &= \frac{F'_{st}}{F'_i} N'_0 & \bar{N}'_{st,0} &= {}^M N'_{st,0} \,\widehat{\mp}\, {}^N N'_{st,0} \\[2mm]
{}^M M'_{b.0} &= \frac{\frac{1}{n} J_b}{J'_i} M'_0 & & & \bar{M}'_{b,0} &= {}^M M'_{b,0} \\[2mm]
{}^M M'_{st,0} &= \frac{J'_{st}}{J'_i} M'_0 & & & \bar{M}'_{st,0} &= {}^M M'_{st,0} \\[2mm]
\sigma_{b,0} &= \pm \frac{\bar{N}'_{b,0}}{F_b} \pm \bar{M}'_{b,0} \frac{y_b}{J_b} & \sigma_{st,0} &= \pm \frac{\bar{N}'_{st,0}}{F'_{st}} \pm \bar{M}'_{st,0} \frac{y'_{st}}{J'_{st}} \\[2mm]
\sigma_{z,0} &= \frac{1}{n_z} \left[\pm \frac{\bar{N}'_{st,0}}{F'_{st}} \pm \bar{M}'_{st,0} \frac{y'_{st,z}}{J'_{st}} \right]
\end{aligned} \right\} \quad \text{(B. 2.2.)}$$

3. Näherungslösungen zur Berechnung der Umlagerungsgrößen aus Kriechen und Schwinden des Betons bei konstant wirkender Belastung

Bei den bisher bekannten Verfahren wurden die Differentialgleichungen, die sich aus den Gleichgewichts- und Kontinuitätsbedingungen während eines Zeitelementes dt ergeben, genau oder in Näherung gelöst. Bei den nachfolgenden Untersuchungen braucht dagegen nur die Kontinuitätsbedingung für den zu untersuchenden Endzustand $t = t_n$ aufgestellt zu werden.

a) Beliebig gestaltete Verbundquerschnitte. Für konstante Belastung ergeben sich in der Betonplatte bis zum Zeitpunkt $t = t_n$ bzw. $\varphi_t = \varphi_n$ die plastischen Verformungsanteile:

$$\frac{\bar{N}_{b,0}}{E_b F_b} \varphi_n; \qquad \frac{\bar{M}_{b,0}}{E_b J_b} \varphi_n \quad \text{und} \quad \varepsilon_s = \text{Schwindmaß}.$$

Aus den zeitabhängigen Umlagerungsgrößen entstehen in der Betonplatte und im Stahlträger elastische Verformungen von der Größe:

$$\frac{N_{b,t}}{E_b F_b}; \qquad \frac{M_{b,t}}{E_b J_b}; \qquad \frac{N_{st,t}}{E_{st} F_{st}} \quad \text{und} \quad \frac{M_{st,t}}{E_{st} J_{st}}.$$

Außerdem bewirken die Umlagerungsgrößen bis zum Zeitpunkt $t = t_n$ bzw. $\varphi_t = \varphi_n$ plastische Verformungen in der Betonplatte. Die Größe dieser plastischen Verformung ist abhängig vom zeitlichen Verlauf der Umlagerungsgrößen, der bei den verschiedenen Verbundquerschnittsarten in mehr oder weniger gekrümmten Kurven verläuft.

Erfaßt man diese Erscheinung durch den Faktor ω in der Weise, daß sich die plastische Verformung ergibt zu:

$$\frac{N_{b,t}}{E_b F_b} \omega \varphi_n \quad \text{bzw.} \quad \frac{M_{b,t}}{E_b J_b} \omega \varphi_n,$$

so läßt sich dieser Faktor allgemein für eine Umlagerungsgröße $U_{(\varphi_t)}$ errechnen nach:

$$\int\limits_{\varphi_{t_0}=0}^{\varphi_{t_a}=\varphi_n} \frac{dU_{(\varphi_{t_a})}}{d\varphi_{t_a}} (\varphi_n - \varphi_{t_a}) \, d\varphi_{t_a} = U_{(\varphi_n)} \omega \varphi_n.$$

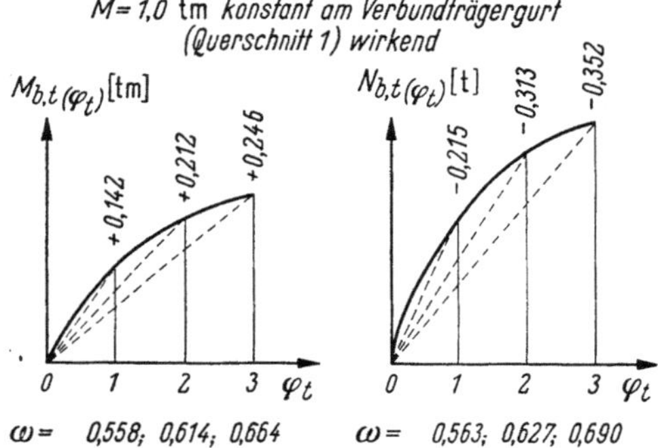

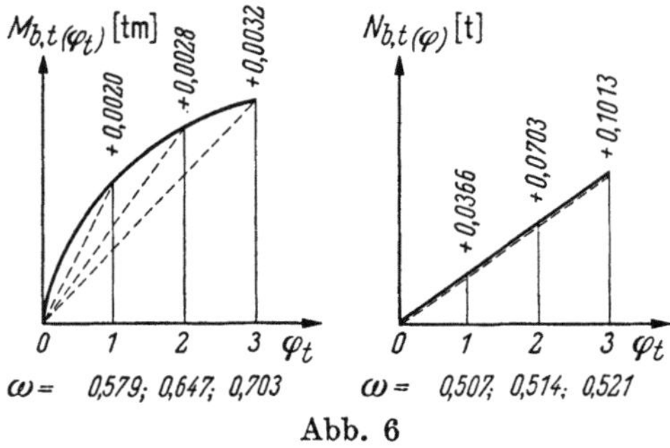

Abb. 6

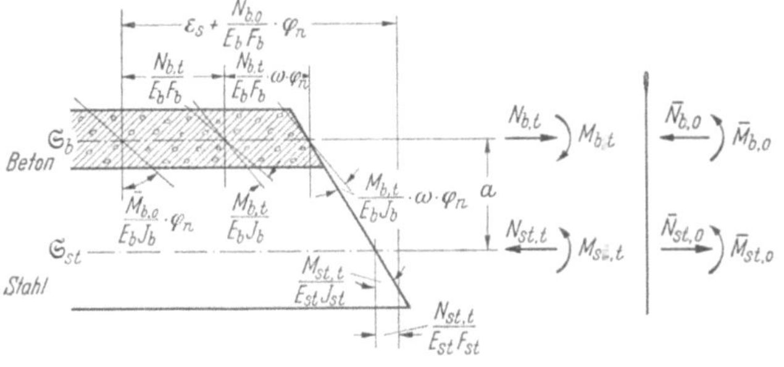

Abb. 7

Verläuft $U_{(\varphi_t)}$ linear, so ergibt sich ω zu 0,5, wie es annähernd beim $N_{b,t}$ der Brückenverbundträger der Fall ist. In Abb. 6 sind zum Beispiel die Kurven der Umlagerungsgrößen eines Verbundgurtes und eines Brückenverbundträgers gezeigt, ebenso die zugehörigen ω-Faktoren, die zwischen 0,5 und 0,7 schwanken.

Trotz des großen Variationsbereiches der ω-Werte war es möglich, einen ω-Wert durch umfangreiche Vergleichsberechnungen zu bestimmen, der für beide Umlagerungsgrößen $N_{b,t}$ und $M_{b,t}$ gleich eingesetzt werden kann und der unabhängig von der Art der ständig wirkenden Belastung und der Endkriechzahl φ_n sehr gute Näherungswerte liefert. Dieser Wert beträgt $\omega = 0{,}65$ und ist ein Mittelwert.

Mit obigen Werten ergeben sich entsprechend Abb. 7 die Kontinuitätsbedingungen für den Endzustand $t = t_n$:

$$\frac{\overline{N}_{b,0}}{E_b F_b} \varphi_n + \varepsilon_s - \frac{N_{b,t}}{E_b F_b}(1 + \omega \varphi_n) - \frac{N_{st,t}}{E_{st} F_{st}} - \frac{M_{st,t}}{E_{st} J_{st}} a = 0 \,,$$

$$\frac{\overline{M}_{b,0}}{E_b J_b} \varphi_n - \frac{M_{b,t}}{E_b J_b}(1 + \omega \varphi_n) = \frac{M_{st,t}}{E_{st} J_{st}} \,. \tag{B.3.1}$$

Die Gleichgewichtsbedingungen lauten:

$$N_{b,t} - N_{st,t} = 0; \qquad N_{b,t}\, a + M_{b,t} - M_{st,t} = 0 \,. \tag{B.3.2}$$

Mit den Abkürzungen:

$$\overline{\varphi}_n = (1 + \omega \varphi_n); \qquad E_b F_b \varepsilon_s = N_{\text{sch}}; \qquad \frac{E_{st}}{E_b} = n \tag{B.3.3}$$

ergibt sich aus Gl. (B. 3.1) und Gl. (B. 3.2):

$$\overline{N}_{b,0}\, \varphi_n + N_{\text{sch}} - \frac{1}{a}[M_{st,t} - M_{b,t}]\left[\overline{\varphi}_n + \frac{\dfrac{1}{n} F_b}{F_{st}}\right] - a\, \frac{\dfrac{1}{n} F_b}{J_{st}} M_{st,t} = 0$$

mit

$$M_{b,t} = \overline{M}_{b,0}\, \frac{\varphi_n}{\varphi_n} - M_{st,t}\, \frac{\dfrac{1}{n} J_b}{J_{st}}\, \frac{1}{\overline{\varphi}_n}$$

erhält man nach Umformungen die Endformeln:

$$\left.\begin{aligned}
M_{st,t} &= \frac{a\left[\overline{N}_{b,0} + \dfrac{N_{\text{sch}}}{\varphi_n}\right]\varphi_n + \overline{M}_{b,0}\, \dfrac{\varphi_n}{\varphi_n}\left[\overline{\varphi}_n + \dfrac{\dfrac{1}{n} F_b}{F_{st}}\right]}{\overline{\varphi}_n + \dfrac{\dfrac{1}{n} F_b}{F_{st}} + \dfrac{\dfrac{1}{n} J_b}{J_{st}} + \dfrac{\dfrac{1}{n} F_b}{F_{st}}\, \dfrac{\dfrac{1}{n} J_b}{J_{st}}\, \dfrac{1}{\overline{\varphi}_n} + a^2\, \dfrac{\dfrac{1}{n} F_b}{J_{st}}} \\[2em]
M_{b,t} &= \left[\overline{M}_{b,0}\, \varphi_n - M_{st,t}\, \frac{\dfrac{1}{n} J_b}{J_{st}}\right]\frac{1}{\overline{\varphi}_n} \\[1em]
N_{st,t} &= N_{b,t} = \frac{1}{a}[M_{st,t} - M_{b,t}] \,.
\end{aligned}\right\} \tag{B.3.4a}$$

Bei vorgespannten Querschnitten sind die „ ′ "-Querschnittswerte einzuführen.

$$\left.\begin{aligned}
M'_{st,t} &= \frac{a'\left[\overline{N}_{b,0} + \dfrac{N_{\text{sch}}}{\varphi_n}\right]\varphi_n + \overline{M}_{b,0}\, \dfrac{\varphi_n}{\varphi_n}\left[\overline{\varphi}_n + \dfrac{\dfrac{1}{n} F_b}{F'_{st}}\right]}{\overline{\varphi}_n + \dfrac{\dfrac{1}{n} F_b}{F'_{st}} + \dfrac{\dfrac{1}{n} J_b}{J'_{st}} + \dfrac{\dfrac{1}{n} F_b}{F'_{st}}\, \dfrac{\dfrac{1}{n} J_b}{J'_{st}}\, \dfrac{1}{\overline{\varphi}_n} + a'^{\,2}\, \dfrac{\dfrac{1}{n} F_b}{J'_{st}}} \,, \\[2em]
M'_{b,t} &= \left[\overline{M}_{b,0}\, \varphi_n - M'_{st,t}\, \frac{\dfrac{1}{n} J_b}{J'_{st}}\right]\frac{1}{\overline{\varphi}_n} \,, \\[1em]
N'_{st,t} &= N'_{b,t} = \frac{1}{a'}[M'_{st,t} - M'_{b,t}] \,.
\end{aligned}\right\} \tag{B.3.4b}$$

In den Werten $\overline{N}_{b,0}$ und $\overline{M}_{b,0}$ sind sämtliche Belastungen bis vor dem Beginn des Kriechens zu erfassen. Dies können zum Beispiel Belastungen auf den nicht vorgespannten Querschnitt, die Vorspannung selbst und unter Umständen Belastungen auf den Querschnitt mit Vorspannung sein (s. [5] S. 7).

Bei Vollwandverbundkonstruktionen mit veränderlichem Trägheitsmoment empfiehlt es sich, Kriechen und Schwinden für sämtliche Belastungen nach den Gl. (B. 3.4) in einem Rechnungsgang zu erfassen. Bei Fachwerkverbundkonstruktionen ist es hingegen zweckmäßig, die Umlagerungsgrößen für die einzelnen Belastungsfälle getrennt in folgender Form zu berechnen:

für ein Moment $M_0 + \circlearrowright$:

Vorzeichen:
+ Zugspannung
− Druckspannung

$$M_{st,t} = \frac{a\,\dfrac{S_i}{J_i}\,\varphi_n + \dfrac{\frac{1}{n}J_b}{J_i}\,\dfrac{\varphi_n}{\overline{\varphi}_n}\left[\overline{\varphi}_n + \dfrac{\frac{1}{n}F_b}{F_{st}}\right]}{\overline{\varphi}_n + \dfrac{\frac{1}{n}F_b}{F_{st}} + \dfrac{\frac{1}{n}J_b}{J_{st}} + \dfrac{\frac{1}{n}F_b}{F_{st}}\dfrac{\frac{1}{n}J_b}{J_{st}}\cdot\dfrac{1}{\overline{\varphi}_n} + a^2\dfrac{\frac{1}{n}F_b}{J_{st}}}\,M_0 = {}^M\varkappa_{M,st}\,M_0 \circlearrowright \qquad {}^M\varkappa_{M,st} = +$$

$$M_{b,t} = \left[\dfrac{\frac{1}{n}J_b}{J_i}\,\varphi_n - {}^M\varkappa_{M,st}\dfrac{\frac{1}{n}J_b}{J_{st}}\right]\dfrac{1}{\overline{\varphi}_n}\,M_0 \qquad\qquad = {}^M\varkappa_{M,b}\,M_0 \circlearrowleft \qquad {}^M\varkappa_{M,b} = -$$

$$N_{st,t} = \frac{1}{a}\left[{}^M\varkappa_{M,st} - {}^M\varkappa_{M,b}\right]M_0 \qquad\qquad = {}^M\varkappa_{N,st}\,M_0 \leftarrow \qquad {}^M\varkappa_{N,st} = -$$

$$N_{b,t} = \frac{1}{a}\left[{}^M\varkappa_{M,st} - {}^M\varkappa_{M,b}\right]M_0 \qquad\qquad = {}^M\varkappa_{N,b}\,M_0 \rightarrow \qquad {}^M\varkappa_{N,b} = +$$

für eine Längskraft $N_0 \rightarrow +$:

$$M_{st,t} = \frac{a\,\dfrac{\frac{1}{n}F_b}{F_i}\,\varphi_n}{\overline{\varphi}_n + \dfrac{\frac{1}{n}F_b}{F_{st}} + \dfrac{\frac{1}{n}J_b}{J_{st}} + \dfrac{\frac{1}{n}F_b}{F_{st}}\dfrac{\frac{1}{n}J_b}{J_{st}}\dfrac{1}{\overline{\varphi}_n} + a^2\dfrac{\frac{1}{n}F_b}{J_{st}}}\,N_0 = {}^N\varkappa_{M,st}\,N_0 \circlearrowleft \qquad {}^N\varkappa_{M,st} = -$$

$$M_{b,t} = \left[-\,{}^N\varkappa_{M,st}\dfrac{\frac{1}{n}J_b}{J_{st}}\right]\dfrac{1}{\overline{\varphi}_n}\,N_0 \qquad\qquad = {}^N\varkappa_{M,b}\,N_0 \circlearrowleft \qquad {}^N\varkappa_{M,b} = -$$

$$N_{st,t} = \frac{1}{a}\left[{}^N\varkappa_{M,st} - {}^N\varkappa_{M,b}\right]N_0 \qquad\qquad = {}^N\varkappa_{N,st}\,N_0 \rightarrow \qquad {}^N\varkappa_{N,st} = +$$

$$N_{b,t} = \frac{1}{a}\left[{}^N\varkappa_{M,st} - {}^N\varkappa_{M,b}\right]N_0 \qquad\qquad = {}^N\varkappa_{N,b}\,N_0 \leftarrow \qquad {}^N\varkappa_{N,b} = -$$

für Schwinden N_{sch}:

$$M_{st,t} = \frac{a}{\overline{\varphi}_n + \dfrac{\frac{1}{n}F_b}{F_{st}} + \dfrac{\frac{1}{n}J_b}{J_{st}} + \dfrac{\frac{1}{n}F_b}{F_{st}}\dfrac{\frac{1}{n}J_b}{J_{st}}\dfrac{1}{\overline{\varphi}_n} + a^2\dfrac{\frac{1}{n}F_b}{J_{st}}}\,N_{sch} = {}^S\varkappa_{M,st}\,N_{sch} \circlearrowright \qquad {}^S\varkappa_{M,st} = +$$

$$M_{b,t} = \left[-\,{}^S\varkappa_{M,st}\dfrac{\frac{1}{n}J_b}{J_{st}}\right]\dfrac{1}{\overline{\varphi}_n}\,N_{sch} \qquad\qquad = {}^S\varkappa_{M,b}\,N_{sch} \circlearrowright \qquad {}^S\varkappa_{M,b} = +$$

$$N_{st,t} = \frac{1}{a}\left[{}^S\varkappa_{M,st} - {}^S\varkappa_{M,b}\right]N_{sch} \qquad\qquad = {}^S\varkappa_{N,st}\,N_{sch} \leftarrow \qquad {}^S\varkappa_{N,st} = -$$

$$N_{b,t} = \frac{1}{a}\left[{}^S\varkappa_{M,st} - {}^S\varkappa_{M,b}\right]N_{sch} \qquad\qquad = {}^S\varkappa_{N,b}\,N_{sch} \rightarrow \qquad {}^S\varkappa_{N,b} = +$$

Bei vorgespannten Querschnitten sind wieder die „′″-Werte einzusetzen. Zum Beispiel für M_0 (Verteilung am nicht vorgespannten Querschnitt):

$$M'_{st,t} = \frac{a'\,\dfrac{S_i}{J_i}\,\varphi_n + \dfrac{\frac{1}{n}J_b}{J_i}\,\dfrac{\varphi_n}{\overline{\varphi}_n}\left[\overline{\varphi}_n + \dfrac{\frac{1}{n}F_b}{F'_{st}}\right]}{\overline{\varphi}_n + \dfrac{\frac{1}{n}F_b}{F'_{st}} + \dfrac{\frac{1}{n}J_b}{J'_{st}} + \dfrac{\frac{1}{n}F_b}{F'_{st}}\,\dfrac{\frac{1}{n}J_b}{J'_{st}}\,\dfrac{1}{\overline{\varphi}_n} + a'^{\,2}\,\dfrac{\frac{1}{n}F_b}{J'_{st}}}\,M_0 = {}^M\varkappa'_{M,st}\,M_0\,.$$

Die $\varkappa$-Werte können natürlich auch nach den bisher bekannten genauen Formeln oder Näherungsformeln berechnet werden. Sie sind für einen bestimmten Querschnitt somit eindeutig festgelegte Faktoren.

b) Verbundträger des Brückenbaues. Bei Verbundträgern mit $i = \dfrac{\frac{1}{n}F_b\,\frac{1}{n}J_b}{F_{st}J_{st}} \leqq 0{,}2$ [8] können obige Formeln weiter wesentlich vereinfacht werden. Vernachlässigt man in üblicher Weise [6], [2] $M_{b,t}$ in der Gleichgewichtsbedingung, so erhält man:

$$\left.\begin{aligned}
N_{b,t} &= \frac{\left[\overline{N}_{b,0} + \dfrac{N_{\text{sch}}}{\varphi_n}\right]\varphi_n}{\overline{\varphi}_n + \dfrac{\frac{1}{n}F_b}{F_{st}} + a^2\,\dfrac{\frac{1}{n}F_b}{J_{st}}}\,, \\[2em]
M_{st,t} &= N_{b,t}\,a\,, \\[1em]
M_{b,t} &= \left[\overline{M}_{b,0}\,\varphi_n - M_{st,t}\,\dfrac{\frac{1}{n}J_b}{J_{st}}\right]\dfrac{1}{\overline{\varphi}_n}\,.
\end{aligned}\right\} \qquad \text{(B.3.5)}$$

Gegenüber Sontag entfallen nunmehr auch die $e^{-\alpha\varphi}$-Werte.

c) Symmetrisch ausgebildete Verbundquerschnitte. Bei Querschnitt nach Abb. 8 ergeben sich ebenfalls wesentliche Vereinfachungen.

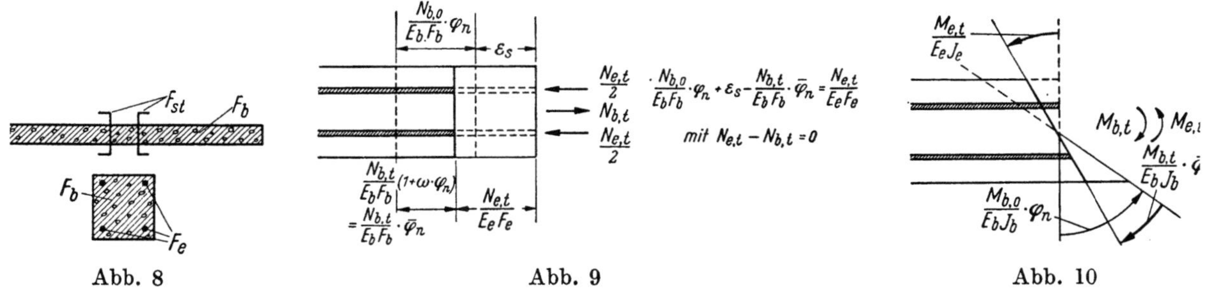

Abb. 8   Abb. 9   Abb. 10

α) **Mittige Längskraft.** Mit $N_{b,0} = \dfrac{\frac{1}{n}F_b}{F_i}\,N_0$ und $N_{e,0} = \dfrac{F_e}{F_i}\,N_0$ ergibt sich die in Abb. 9 eingetragene Kontinuitätsgleichung und es wird:

$$N_{b,t} = \frac{\left[N_{b,0} + \dfrac{N_{\text{sch}}}{\varphi_n}\right]\varphi_n}{\overline{\varphi}_n + \dfrac{\frac{1}{n}F_b}{F_e}}\,. \qquad \text{(B.3.6)}$$

β) **Momentenbelastung.** Für Momentenbelastung ergibt sich mit $M_{b,0} = \dfrac{\frac{1}{n}J_b}{J_i}\,M_0$ und $M_{e,0} = \dfrac{J_e}{J_i}\,M_0$ entsprechend Abb. 10

$$M_{b,t} = M_{e,t} = \frac{M_{b,0}\,\varphi_n}{\overline{\varphi}_n + \dfrac{\frac{1}{n}J_b}{J_e}}\,. \qquad \text{(B.3.7)}$$

Ergebnis der Zahlenrechnung

Um die allgemeine Gültigkeit der abgeleiteten Näherungsformeln zu zeigen, wurden die voneinander sehr stark abweichenden Querschnitte *1* bis *7* der Abb. 11 durchgerechnet. Der Kennwert i [8] schwankt zwischen 0,03 und 370. Die Kontrollwerte wurden in bekannter Weise [2], [8] zum Vergleich berechnet und die Abweichungen in Fehlerprozenten in der Tab. 3 zusammengestellt. Es ist zu ersehen, daß für das Umlagerungsmoment $M_{st,t}$ der Fehler etwa 2% beträgt. Diese geringe Abweichung ist besonders wichtig, da bei statisch unbestimmten Systemen mit Hilfe des $M_{st,t}$ die Verformungen berechnet wurden. Diese bestimmen dann die mit der Zeit anwachsenden statisch unbestimmten Größen. Die Fehler im $M_{b,t}$ sind etwas größer, aber nur von geringer praktischer Bedeutung. Über die Fehlerempfindlichkeit solcher Näherungsberechnungen s. weiter [8].

Zusammenfassend ist zu den Zahlenbeispielen zu sagen, daß die neuen Näherungsformeln sämtliche Bereiche von Verbundquerschnittsarten umfassen. Gegenüber den bekannten Verfahren besteht trotz seiner Einfachheit keine Einschränkung des Anwendungsbereiches.

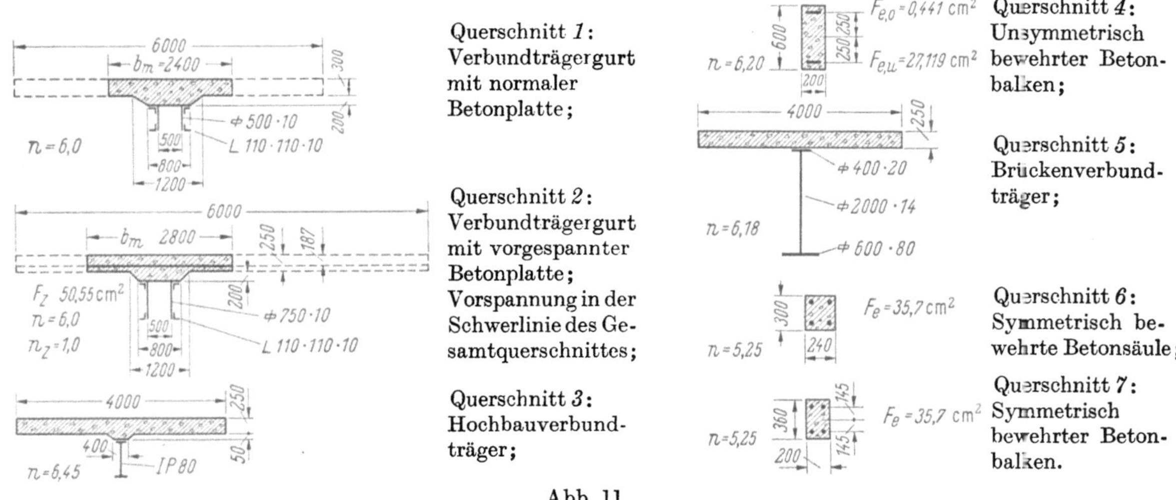

Abb. 11

Tabelle 1. Querschnittswerte

Quer-schnitt	i	F_{st}	J_{st}	$\frac{1}{n}F_b$	$\frac{1}{n}J_b$	a	F_i	S_i	J_i
	i'	F'_{st}	J'_{st}	$\frac{1}{n}F_b$	$\frac{1}{n}J_b$	a'	F'_i	S'_i	J'_i
	—	cm²	cm⁴	cm²	cm⁴	cm	cm²	cm³	cm⁴
1	34,98	185	62571	1533	264157	54,6	1718	9014	818892
2	7,56	235	171792	1500	203531	65,0	1735	13200	1233323
	3,13	285,55	341127	1500	203531	53,7	1785,55	12882	1236405
3	1,09	342	366400	1575	86574	57,24	1917	16084	1373599
4	370,71	27,56	1100	193,55	58065	24,2	221,11	583,82	73293
5	0,03	840	4859649	1619	84325	164,31	2459	90671	19875362
6	6,50	35,7	6033	136,19	10286	0	171,89	0	16319
7	7,57	35,7	7505	137	14811	0	172,7	0	22305

Tabelle 2. Verteilungsgrößen infolge $M_0 = 1,0\,\mathrm{tm}$

Quer-schnitt	$^M M_{b,0}$	$^M M_{st,0}$	$^M N_{b,0}$
	t · m	t · m	t
1	0,322579	0,076409	1,100756
2	0,165027	0,139292	1,070279
3	0,063027	0,266745	1,170909
4	0,792225	0,015008	0,796557
5	0,004243	0,244506	0,457204
6			
7	0,664022	0,336472	

Tabelle 3. Fehler in %

Quer-schnitt	$M_0 = 1,0\,\mathrm{tm}$								
	$M_{st,t}$			$M_{b,t}$			$N_{st,t} = N_{b,t}$		
	$\varphi_n = 1,0$	$\varphi_n = 2,0$	$\varphi_n = 3,0$	$\varphi_n = 1,0$	$\varphi_n = 2,0$	$\varphi_n = 3,0$	$\varphi_n = 1,0$	$\varphi_n = 2,0$	$\varphi_n = 3,0$
1	−2,2	−1,2	0	−4,2	−2,3	+1,2	−4,6	−3,0	+1,1
2	−1,8	−1,5	−0,3	−4,3	−1,2	+4,0	−9,0	0	
3	−1,3	−1,0	−1,8	−4,1	0	+5,5	+8,0	−2,6	−1,0
4	−1,5	−2,1	−0,6	−3,2	−4,2	−4,1	−3,0	−4,4	−4,3
5	−0,6	−1,8	−2,5	−3,9	0	+5,8	−0,6	−1,8	−2,5
6									
7	−3,4	−4,5	−4,2	−3,4	−4,5	−4,2			

Quer-schnitt	$N_{b,0} = \dfrac{N_{sch}}{\varphi_n} = 1,0\,\mathrm{t}$								
	$M_{st,t}$			$M_{b,t}$			$N_{st,t} = N_{b,t}$		
	$\varphi_n = 1,0$	$\varphi_n = 2,0$	$\varphi_n = 3,0$	$\varphi_n = 1,0$	$\varphi_n = 2,0$	$\varphi_n = 3,0$	$\varphi_n = 1,0$	$\varphi_n = 2,0$	$\varphi_n = 3,0$
1	+0,8	0	−0,8	−4,5	−2,6	+1,5	−3,0	−1,6	+0,6
2	0	−1,4	−2,2	−4,6	−1,2	+4,8	−1,5	−1,3	−1,2
3	−0,6	−1,4	−1,3	−4,5	0	+7,0	−1,1	−1,3	−1,3
4	+4,2	+4,4	+3,2	−2,8	−4,3	−4,1	−2,9	−4,2	−4,0
5	−0,5	−1,7	−2,4	−4,1	+1,6	+8,4	−0,5	−1,7	−2,4
6							−2,5	−3,7	−4,6
7									

Die einfache Durchführung der Näherungsberechnung wird am Querschnitt 1 für $M_0 = 1,0\,\mathrm{tm}^5)$ und $\varphi_n = 2,0$ gezeigt. Mit den Werten der Tab. 1 und 2 und $\bar{\varphi}_n = (1 + \omega\,\varphi_n) =$ $= (1 + 0,65 \cdot 2,0) = 2,30$ und

$$\frac{\frac{1}{n}F_b}{F_{st}} = 8,286486; \qquad \frac{\frac{1}{n}J_b}{J_{st}} = 4,221716; \qquad \frac{a^2\,\frac{1}{n}F_b}{J_{st}} = 73,038920$$

ergibt sich mit Gl. (B. 3.4):

$$M_{st,t} = \frac{0{,}546 \cdot 1{,}100\,756 \cdot 2{,}0 + 0{,}322\,579\,\dfrac{2{,}0}{2{,}3}\,(2{,}3 + 8{,}286\,486)}{2{,}3 + 8{,}286\,486 + 4{,}221\,716 + 34{,}983\,191\,\dfrac{1}{2{,}3} + 73{,}038\,920} = 0{,}040\,478\,\text{t m}),$$

$$M_{b,t} = (0{,}322\,579 \cdot 2{,}0 - 0{,}040\,478 \cdot 4{,}221\,716) \cdot \frac{1}{2{,}3} = 0{,}206\,205\,\text{t m}),$$

$$N_{b,t} = (0{,}040\,478 - 0{,}206\,205) \cdot \frac{1}{0{,}546} = -0{,}303\,529\,\text{t} \leftarrow; \quad N_{st,t} = -0{,}303\,529\,\text{t} \rightarrow,$$

$${}^{M}\varkappa_{M,st} = +0{,}040\,478; \quad {}^{M}\varkappa_{M,b} = -0{,}206\,205; \quad {}^{M}\varkappa_{N,st} = +0{,}303\,529\,\frac{1}{m}; \quad {}^{M}\varkappa_{N,b} = -0{,}303\,529\,\frac{1}{m}.$$

4. Näherungsberechnung der Umlagerungsgrößen bei linear mit φ_t anwachsender Belastung

Sattler [3] wies nach, daß bei statisch unbestimmten Systemen die Unbekannten aus Kriechen und Schwinden praktisch linear mit φ_t anwachsen. Diese Annahme schuf erst die Voraussetzung, um beliebige Verbundsysteme berechnen zu können. Bezüglich der Berechnung der Umlagerungsgrößen bei linear ansteigender Belastung sei auf das Schrifttum verwiesen [3], [8]. Bei Verbundträgergurten würden infolge der besonderen Querschnittsverhältnisse die bekannten Näherungsformeln zu große Fehler ergeben.

In ähnlicher Weise wie bei konstant wirkender Belastung (Abschn. B.3) werden bei linear ansteigender Belastung die Kontinuitätsbedingungen zum Zeitpunkt $t = t_n$ aufgestellt.

Man erhält nunmehr für die linear anwachsenden Größen $\overline{N}_{b,0}$ und $\overline{M}_{b,0}$ die plastischen Verformungen zu:

$$\frac{\overline{N}_{b,0}}{E_b F_b}\,\frac{\varphi_n}{2} \quad \text{und} \quad \frac{\overline{M}_{b,0}}{E_b J_b}\,\frac{\varphi_n}{2}\,.$$

Aus den zeitabhängigen Umlagerungsgrößen ergeben sich die plastischen Verformungen zu:

$$\frac{\overline{N}_{b,t}}{E_b F_b}\,\omega^* \varphi_n \quad \text{und} \quad \frac{\overline{M}_{b,t}}{E_b J_b}\,\omega^* \varphi_n\,.$$

Die genaue Berechnung zeigte, daß für linear ansteigende Belastung die zu den Umlagerungsgrößen gehörenden Werte ω^* kleiner sind als die ω-Werte konstant wirkender Belastung. Aus Vergleichsberechnungen wurde wieder ein mittlerer Wert $\omega^* = 0{,}45$ ermittelt, der für Verbundträgergurte unabhängig von der Endkriechzahl φ_n Ergebnisse mit sehr guter Genauigkeit liefert.

Aus der Kontinuitätsbedingung erhält man mit $\overline{\varphi}_n^* = (1 + 0{,}45\,\varphi_n)$ die Umlagerungsgrößen:

$$\left.\begin{aligned}
M_{st,t} &= \frac{a\,\overline{N}_{b,0}\,\dfrac{\varphi_n}{2} + \overline{M}_{b,0}\,\dfrac{\varphi_n}{2\,\overline{\varphi}_n^*}\left(\overline{\varphi}_n^* + \dfrac{\dfrac{1}{n}F_b}{F_{st}}\right)}{\overline{\varphi}_n^* + \dfrac{\dfrac{1}{n}F_b}{F_{st}} + \dfrac{\dfrac{1}{n}J_b}{J_{st}} + \dfrac{\dfrac{1}{n}F_b}{F_{st}}\,\dfrac{\dfrac{1}{n}J_b}{J_{st}}\,\dfrac{1}{\overline{\varphi}_n^*} + a^2\,\dfrac{\dfrac{1}{n}F_b}{J_{st}}}\,, \\[2em]
M_{b,t} &= \left(\overline{M}_{b,0}\,\frac{\varphi_n}{2} - M_{st,t}\,\frac{\dfrac{1}{n}J_b}{J_{st}}\right)\frac{1}{\overline{\varphi}_n^*}\,, \\[1.5em]
N_{b,t} &= N_{st,t} = \frac{1}{a}\,(M_{st,t} - M_{b,t}).
\end{aligned}\right\} \qquad \text{(B.4.1a)}$$

Für vorgespannte Querschnitte sind wieder die „ ' "-Querschnittswerte und deren Verteilungsgrößen einzuführen.

$$M'_{st,t} = \cfrac{a'\,\overline{N}'_{b,0}\,\dfrac{\varphi_n}{2} + \overline{M}'_{b,0}\,\dfrac{\varphi_n}{2\,\overline{\varphi}_n^{*}}\left[\overline{\varphi}_n^{*} + \dfrac{\dfrac{1}{n}F_b}{F'_{st}}\right]}{\overline{\varphi}_n^{*} + \dfrac{\dfrac{1}{n}F_b}{F'_{st}} + \dfrac{\dfrac{1}{n}J_b}{J'_{st}} + \dfrac{\dfrac{1}{n}F_b}{F'_{st}}\cdot\dfrac{\dfrac{1}{n}J_b}{J'_{st}}\,\dfrac{1}{\overline{\varphi}_n^{*}} + a'^{\,2}\,\dfrac{\dfrac{1}{n}F_b}{J'_{st}}},$$

$$M'_{b,t} = \left[\overline{M}'_{b,0}\,\frac{\varphi_n}{2} - M'_{st,t}\,\frac{\dfrac{1}{n}J_b}{J'_{st}}\right]\frac{1}{\overline{\varphi}_n^{*}},$$

$$N'_{st,t} = N'_{b,t} = \frac{1}{a'}\,[M'_{st,t} - M'_{b,t}].$$

$$\text{(B.4.1b)}$$

Für die einzelnen Belastungen ergeben sich folgende Formeln:
für ein linear mit φ_t anwachsendes Moment $\overline{M} +\!\circlearrowright$:

Vorzeichen:
+ Zugspannung
− Druckspannung

$$M_{st,t} = \cfrac{a\,\dfrac{S_i}{J_i}\,\dfrac{\varphi_n}{2} + \dfrac{\dfrac{1}{n}J_b}{J_i}\,\dfrac{\varphi_n}{2\,\overline{\varphi}_n^{*}}\left[\overline{\varphi}_n^{*} + \dfrac{\dfrac{1}{n}F_b}{F_{st}}\right]}{\overline{\varphi}_n^{*} + \dfrac{\dfrac{1}{n}F_b}{F_{st}} + \dfrac{\dfrac{1}{n}J_b}{J_{st}} + \dfrac{\dfrac{1}{n}F_b}{F_{st}}\,\dfrac{\dfrac{1}{n}J_b}{J_{st}}\,\dfrac{1}{\overline{\varphi}_n^{*}} + a^{2}\,\dfrac{\dfrac{1}{n}F_b}{J_{st}}}\,\overline{M} = (^{M}\varkappa_{M,st})\,\overline{M}\,\circlearrowright \qquad (^{M}\varkappa_{M,st}) = +$$

$$M_{b,t} = \left[\dfrac{S_i}{J_i}\,\dfrac{\varphi_n}{2} - (^{M}\varkappa_{M,st})\,\dfrac{\dfrac{1}{n}J_b}{J_{st}}\right]\dfrac{1}{\overline{\varphi}_n^{*}}\,\overline{M} \qquad\qquad = (^{M}\varkappa_{M,b})\,\overline{M}\,\circlearrowleft \qquad (^{M}\varkappa_{M,b}) = -$$

$$N_{st,t} = \frac{1}{a}\,[(^{M}\varkappa_{M,st}) - (^{M}\varkappa_{M,b})]\,\overline{M} \qquad\qquad = (^{M}\varkappa_{N,st})\,\overline{M}\leftarrow \qquad (^{M}\varkappa_{N,st}) = -$$

$$N_{b,t} = \frac{1}{a}\,[(^{M}\varkappa_{M,st}) - (^{M}\varkappa_{M,b})]\,\overline{M} \qquad\qquad = (^{M}\varkappa_{N,b})\,\overline{M}\rightarrow \qquad (^{M}\varkappa_{N,b}) = +$$

für ein linear mit φ_t anwachsende Längskraft $\overline{N} \xrightarrow{+}$:

$$M_{st,t} = \cfrac{a\,\dfrac{\dfrac{1}{n}F_b}{F_i}\,\dfrac{\varphi_n}{2}}{\overline{\varphi}_n^{*} + \dfrac{\dfrac{1}{n}F_b}{F_{st}} + \dfrac{\dfrac{1}{n}J_b}{J_{st}} + \dfrac{\dfrac{1}{n}F_b}{F_{st}}\,\dfrac{\dfrac{1}{n}J_b}{J_{st}}\,\dfrac{1}{\overline{\varphi}_n^{*}} + a^{2}\,\dfrac{\dfrac{1}{n}F_b}{J_{st}}}\,\overline{N} = (^{N}\varkappa_{M,st})\,\overline{N}\,\circlearrowleft \qquad (^{N}\varkappa_{M,st}) = -$$

$$M_{b,t} = \left[-(^{N}\varkappa_{M,st})\,\dfrac{\dfrac{1}{n}J_b}{J_{st}}\right]\dfrac{1}{\overline{\varphi}_n^{*}}\,\overline{N} \qquad\qquad\quad = (^{N}\varkappa_{M,b})\,\overline{N}\,\circlearrowleft \qquad (^{N}\varkappa_{M,b}) = -$$

$$N_{st,t} = \frac{1}{a}\,[(^{N}\varkappa_{M,st}) - (^{N}\varkappa_{M,b})]\,\overline{N} \qquad\qquad = (^{N}\varkappa_{N,st})\,\overline{N}\rightarrow \qquad (^{N}\varkappa_{N,st}) = +$$

$$N_{b,t} = \frac{1}{a}\,[(^{N}\varkappa_{M,st}) - (^{N}\varkappa_{M,b})]\,\overline{N} \qquad\qquad = (^{N}\varkappa_{N,b})\,\overline{N}\leftarrow \qquad (^{N}\varkappa_{N,b}) = -$$

Bei vorgespannten Querschnitten sind wieder die „ ' "-Querschnittswerte einzusetzen. Man erhält dann $(\varkappa')$-Werte.

Tabelle 4. Fehler in %

Quer-schnitt	$M = 1,0$ tm linear ansteigend					
	$M_{st,t}$			$M_{b,t}$		
	$\varphi_n = 1,0$	$\varphi_n = 2,0$	$\varphi_n = 3,0$	$\varphi_n = 1,0$	$\varphi_n = 2,0$	$\varphi_n = 3,0$
1	+1,7	+1,1	−1,3	−5,0	−7,0	−7,1
2	−2,1	−3,2	−3,5	−5,5	−6,9	−6,8

Tabelle 4 (Fortsetzung)

Quer-schnitt	$N = 1{,}0$ t linear ansteigend					
	$M_{st,t}$			$M_{b,t}$		
	$\varphi_n = 1{,}0$	$\varphi_n = 2{,}0$	$\varphi_n = 3{,}0$	$\varphi_n = 1{,}0$	$\varphi_n = 2{,}0$	$\varphi_n = 3{,}0$
1	+4,6	+3,2	+1,3	−4,5	−6,8	−7,2
2	+1,0	−0,3	−1,3	−5,8	−7,6	−7,5

Die Abweichungen der Näherungsberechnung von den genauen Werten sind in Tab. 4 angegeben. Für die unterschiedlichen Fehlerabweichungen im $M_{st,t}$ und $M_{b,t}$ gilt das im Abschn. B.3 Gesagte.

5. Querkraftverteilung auf Betonplatte und Stahlträger bei Verbundträgern

Nachfolgend wird die Verteilung für $t = 0$ und für $t = t_n$ bestimmt. In gleicher Weise wie bei der Berechnung von Biegelinien usw. kann der Trägerquerschnitt stückweise konstant angenommen werden, falls er nicht feldweise konstant ist.

a) Querkraftverteilung zur Zeit $t = 0$ für vertikale Belastung. α) Verbundträger mit normaler Betonplatte.

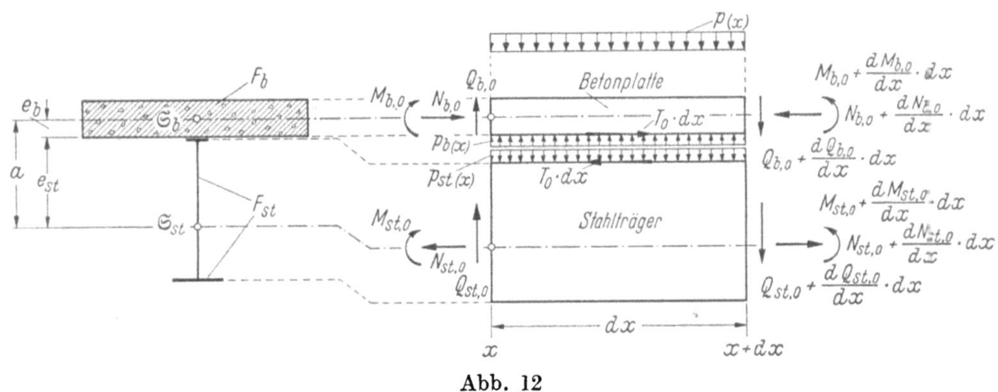

Abb. 12

Gleichgewicht in x-Richtung:

$$T_0\, dx - \frac{dN_{st,0}}{dx}\, dx = 0; \qquad T_0\, dx - \frac{dN_{b,0}}{dx}\, dx = 0. \tag{B.5.1}$$

Momentengleichgewicht:
für den Stahlträger:

$$\left(Q_{st,0} + \frac{dQ_{st,0}}{dx}\, dx\right) dx - T_0\, dx\, e_{st} - \frac{dM_{st,0}}{dx}\, dx + \int_{x_n}^{x_n + dx} p_{st(x)}\,(x - x_n)\, dx = 0,$$

für die Betonplatte:

$$\left(Q_{b,0} + \frac{dQ_{b,0}}{dx}\, dx\right) dx - T_0\, dx\, e_b - \frac{dM_{b,0}}{dx}\, dx + \int_{x_n}^{x_n + dx} (p_{(x)} - p_{b(x)})\,(x - x_n)\, dx = 0. \tag{B.5.2}$$

Aus Gl. (B.5.2) mit Gl. (B.5.1) erhält man für den Querkraftanteil des Stahlträgers $Q_{st,0}$ die Bedingungsgleichung:

$$Q_{st,0}\, dx + \frac{dQ_{st,0}}{dx}\, dx^2 = \frac{dM_{st,0}}{dx}\, dx + \frac{dN_{st,0}}{dx}\, dx\, e_{st} - \int_{x_n}^{x_n + dx} p_{st(x)}\,(x - x_n)\, dx = 0$$

$\dfrac{dQ_{st,0}}{dx}\,dx^2$ und $\displaystyle\int_{x_n}^{x_n+dx} p_{st(x)}\,(x-x_n)\,dx$ sind Glieder höherer Ordnung und werden vernachlässigt! $(x-x_n)\leqq dx$.

Damit ist:

$$Q_{st,0}=\frac{dM_{st,0}}{dx}+\frac{dN_{st,0}}{dx}\,e_{st}.$$

Unter der Voraussetzung konstanter oder stückweis konstanter Querschnittswerte wird:

$$\left.\begin{aligned}
\frac{dM_{st,0}}{dx}&=\frac{d}{dx}\left(\frac{J_{st}}{J_i}M_0\right)=\frac{J_{st}}{J_i}\frac{dM_0}{dx}=\frac{J_{st}}{J_i}Q_0,\\[2mm]
\frac{dN_{st,0}}{dx}&=\frac{d}{dx}\left(\frac{S_i}{J_i}M_0\right)=\frac{S_i}{J_i}\frac{dM_0}{dx}=\frac{S_i}{J_i}Q_0,
\end{aligned}\right\}\qquad(\text{B.5.3})$$

damit

$$Q_{st,0}=\frac{Q_0}{J_i}\left(J_{st}+S_i\,e_{st}\right).\qquad(\text{B.5.4})$$

Aus Gl. (B.5.2) mit Gl. (B.5.1) erhält man in gleicher Weise den Querkraftanteil der Betonplatte zu:

$$Q_{b,0}=\frac{Q_0}{J_i}\left(\frac{1}{n}J_b+S_i\,e_b\right).\quad(\text{B 5.5})$$

Als Kontrolle gilt $Q_0=Q_{st,0}+Q_{b,0}$.

β) Verbundträger mit bewehrter oder vorgespannter Betonplatte. In diesem Falle müssen zusätzlich die auf Bewehrung oder Vorspannung entfallenden Verteilungsgrößen berücksichtigt werden. Die Querkraft ist hingegen auf die Betonplatte und den Stahlträger aufzuteilen.

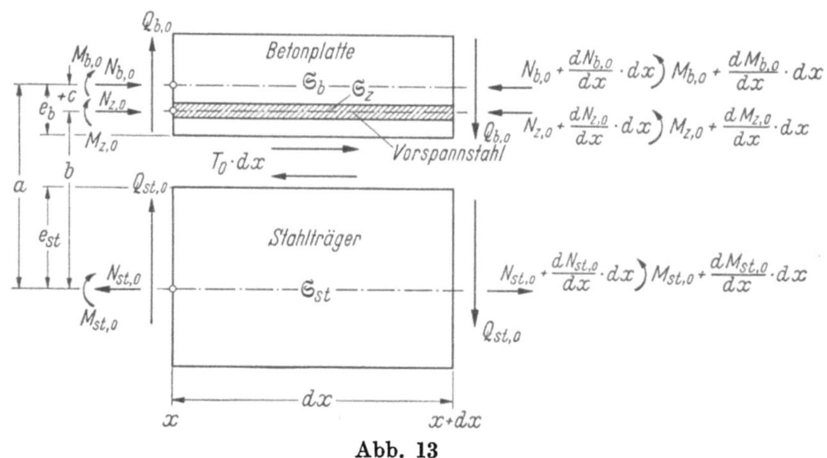

Abb. 13

In gleicher Weise wie unter α) ergibt sich:

$$T_0\,dx-\frac{dN_{st,0}}{dx}\,dx=0;\qquad T_0\,dx-\frac{dN_{b,0}}{dx}\,dx-\frac{dN_{z,0}}{dx}\,dx=0.\qquad(\text{B.5.6})$$

$$\left.\begin{aligned}
Q_{st,0}\,dx-T_0\,dx\,e_{st}-\frac{dM_{st,0}}{dx}\,dx&=0,\\[2mm]
Q_{b,0}\,dx-T_0\,dx\,e_b+\frac{dN_{z,0}}{dx}\,dx\,c-\frac{dM_{b,0}}{dx}\,dx-\frac{dM_{z,0}}{dx}\,dx&=0.
\end{aligned}\right\}\qquad(\text{B.5.7})$$

Den Querkraftanteil des Stahlträgers $Q_{st,0}$ erhält man wieder aus:

$$Q_{st,0}\,dx=\frac{dM_{st,0}}{dx}\,dx+\frac{dN_{st,0}}{dx}\,dx\,e_{st}.$$

Sind $M'_{st,0}$ und $N'_{st,0}$ die Verteilungsgrößen des gesamten Stahlquerschnittes einschließlich Vorspannstahl, dann erhält man die auf den Stahlträger allein entfallenden Anteile zu:

$$\left.\begin{aligned}
M_{st,0}&=\frac{J_{st}}{J'_i}M'_0;\qquad \frac{dM_{st,0}}{dx}=\frac{J_{st}}{J'_i}Q'_0,\\[2mm]
N_{st,0}&=\frac{F_{st}}{F'_{st}}N'_{st,0}+\frac{F_{st}}{J'_{st}}e'\,M'_{st,0}=\frac{F_{st}}{J'_i}\left(\frac{S'_i}{F'_{st}}+e'\right)M'_0,\\[2mm]
\frac{dN_{st,0}}{dx}&=\frac{F_{st}}{J'_i}\left(\frac{S'_i}{F'_{st}}+e'\right)Q'_0.
\end{aligned}\right\}\qquad(\text{B.5.8})$$

Damit wird:

$$Q_{st,0} = \frac{Q_0'}{J_i'}\left[J_{st} + e_{st} F_{st}\left(\frac{S_i'}{F_{st}'} + e'\right)\right] \tag{B.5.9a}$$

oder mit

$$a_{st}' = \frac{\dfrac{1}{n}F_b a + \dfrac{1}{n_z}F_z b}{F_i'}\;; \qquad a_b' = \frac{F_{st} a + \dfrac{1}{n_z}F_z c}{F_i'}\;; \qquad a_z' = \frac{F_{st} b - \dfrac{1}{n}F_b c}{F_i'}\,,$$

$$Q_{st,0} = \frac{Q_0'}{J_i'}[J_{st} + e_{st} F_{st} a_{st}']. \tag{B.5.9b}$$

Vernachlässigt man bei zentrisch vorgespannter Betonplatte $\frac{1}{n}J_b$ und $\frac{1}{n_z}J_z$ nach Sattler [2], so ergibt sich:

$$Q_{st,0} = \frac{Q_0'}{J_i'}[J_{st} + S_i' e_{st}]. \tag{B.5.9c}$$

Für den Querkraftanteil der Betonplatte erhält man in ähnlicher Weise:

$$Q_{b,0} = \frac{Q_0'}{J_i'}\left[\frac{1}{n}J_b + \frac{1}{n_z}J_z + e_b S_i' + (e_b - c)\left(e'' - \frac{S_i'}{F_{st}'}\right)\frac{1}{n_z}F_z\right], \tag{B.5.10a}$$

$$Q_{b,0} = \frac{Q_0'}{J_i'}\left[\frac{1}{n}J_b + \frac{1}{n_z}J_z + a_b'\frac{1}{n}F_b e_b + a_z'\frac{1}{n_z}F_z(e_b - c)\right], \tag{B.5.10b}$$

$$Q_{b,0} = \frac{Q_0'}{J_i'}\left[\frac{1}{n}J_b + \frac{F_i S_i + a F_{st}\dfrac{1}{n_z}F_z}{F_i'}e_b\right]. \tag{B.5.10c}$$

Es gilt wieder

$$Q_0 = Q_{st,0} + Q_{b,0}.$$

Bei Querschnitten mit bewehrter Betonplatte gelten obige Formeln entsprechend, wenn die schlaffe Bewehrung (F_e, J_e) an Stelle der Vorspannbewehrung eingeführt wird. Es ist dann $n_z = 1{,}0$.

b) Querkraftverteilung zur Zeit $t = t_n$ bei konstant wirkender Belastung (Einfluß von Kriechen). α) Verbundträger mit normaler Betonplatte. Bei konstanten und stückweise konstanten Querschnittswerten ändert sich die Querkraftverteilung infolge Schwinden nicht! Entsprechend Abschn. a) ergibt sich:

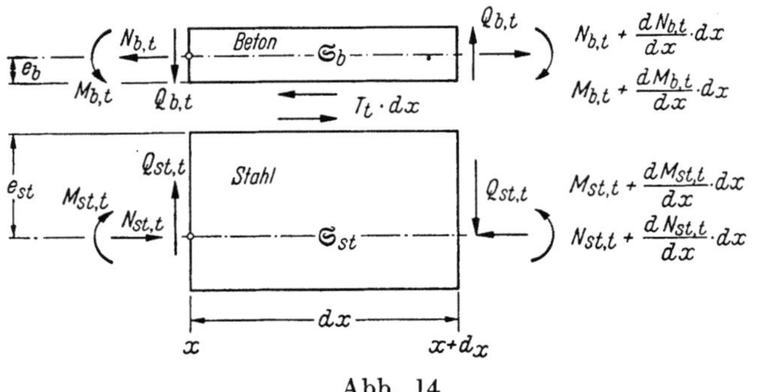

Abb. 14

$$T_t\, dx - \frac{dN_{st,t}}{dx}\, dx = 0\;; \qquad T_t\, dx - \frac{dN_{b,t}}{dx}\, dx = 0. \tag{B.5.11}$$

$$\left.\begin{aligned} Q_{st,t}\, dx - \frac{dM_{st,t}}{dx}\, dx + T_t\, dx\, e_{st} &= 0, \\[2mm] Q_{b,t}\, dx - \frac{dM_{b,t}}{dx}\, dx - T_t\, dx\, e_b &= 0. \end{aligned}\right\} \tag{B.5.12}$$

Den Querkraftanteil des Stahlträgers $Q_{st,t}$ aus der Umlagerung erhält man dann mit Hilfe der Gleichung:

$$Q_{st,t} = \frac{dM_{st,t}}{dx} - \frac{dN_{st,t}}{dx}\, e_{st}.$$

Nach den früheren Abschnitten können die Umlagerungsgrößen aus gegebener ständiger Belastung ermittelt werden. Sie können allgemein in folgender Form geschrieben werden:

$$\left.\begin{aligned} \text{für den Stahlträger:} \quad & M_{st,t} = {}^M\varkappa_{M,st}\, M_0\;; \qquad N_{st,t} = {}^M\varkappa_{N,st}\, M_0 \\ \text{für die Betonplatte:} \quad & M_{b,t} = {}^M\varkappa_{M,b}\, M_0\;; \qquad N_{b,t} = {}^M\varkappa_{N,b}\, M_0. \end{aligned}\right\} \tag{B.5.13}$$

Für einen Trägerabschnitt mit konstant angenommenem Querschnitt sind die $\varkappa$-Werte konstant. Damit ist

$$\frac{dM_{st}}{dx} = {}^{M}\varkappa_{M,st}\frac{dM_0}{dx} = {}^{M}\varkappa_{M,st}Q_0 \quad \text{usw.}$$

Man erhält somit:

aus

$$Q_{st,t} = Q_0({}^{M}\varkappa_{M,st} - {}^{M}\varkappa_{N,st}\,e_{st}), \tag{B.5.14}$$

$$Q_{b,t} = \frac{dM_{b,t}}{dx} + \frac{dN_{b,t}}{dx}\,e_b,$$

$$Q_{b,t} = Q_0({}^{M}\varkappa_{M,b} + {}^{M}\varkappa_{N,b}\,e_b). \tag{B.5.15}$$

Es gilt

$$Q_{st,t} - Q_{b,t} = 0.$$

Infolge Kriechens tritt also eine Änderung der Querkraftverteilung ein.

β) **Verbundträger mit vorgespannter oder bewehrter Betonplatte. Einfluß des Kriechens unter vertikaler Belastung.**

Zunächst Ableitung für einen Querschnitt mit Vorspannbewehrung. Bei schlaffer Bewehrung ist wieder wie im Abschn. B. 5. a) β) F_e, J_e einzusetzen und $n_z = 1{,}0$.

In ähnlicher Weise wie in Abschnitt 5. a) β) wird die Querkraft wieder nur auf Betonplatte und Stahlträger verteilt.

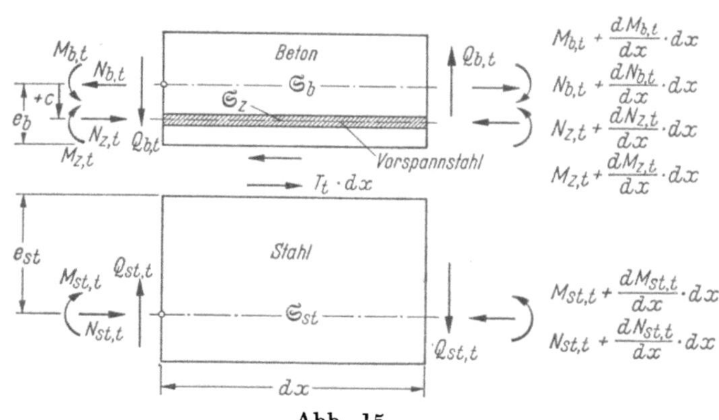

Abb. 15

Nach den früheren Abschnitten können die Umlagerungsgrößen wieder berechnet werden.

Auf den Gesamtstahlquerschnitt ergeben sich die Anteile:

Auf den Beton die Größen:

$$\left.\begin{aligned} M'_{st,t} &= {}^{M}\varkappa'_{M,st}\,M'_0; & N'_{st,t} &= {}^{M}\varkappa'_{N,st}\,M'_0.\\ M'_{b,t} &= {}^{M}\varkappa'_{M,b}\,M'_0; & N'_{b,t} &= {}^{M}\varkappa'_{N,b}\,M'_0. \end{aligned}\right\} \tag{B.5.16}$$

Auf den Stahlträger allein (ohne Vorspannstahl) entfällt:

$$M_{st,t} = \frac{J_{st}}{J'_{st}}\,{}^{M}\varkappa'_{M,st}\,M'_0; \qquad N_{st,t} = \frac{F_{st}}{F'_{st}}\left[{}^{M}\varkappa'_{N,st} - \frac{e'\,F'_{st}}{J'_{st}}\,{}^{M}\varkappa'_{M,st}\right]M'_0.$$

Auf den Vorspannstahl entfällt:

$$M_{z,t} = \frac{\frac{1}{n_z}J_z}{J'_{st}}\,{}^{M}\varkappa'_{M,st}\,M'_0; \qquad N_{z,t} = \frac{\frac{1}{n_z}F_z}{F'_{st}}\left[{}^{M}\varkappa'_{N,st} + \frac{e''\,F'_{st}}{J'_{st}}\,{}^{M}\varkappa'_{M,st}\right]M'_0.$$

$$\tag{B.5.17}$$

Die $\varkappa'$-Werte sind wieder abschnittsweise konstant.

Damit ergibt sich aus:

$$Q_{st,t} = \frac{dM_{st,t}}{dx} - \frac{dN_{st,t}}{dx}\,e_{st},$$

$$Q_{st,t} = Q'_0\left({}^{M}\varkappa'_{M,st}\frac{J_{st} + F_{st}\,e'\,e_{st}}{J'_{st}} - {}^{M}\varkappa'_{N,st}\frac{F_{st}}{F'_{st}}\,e_{st}\right), \tag{B.5.18a}$$

aus

$$Q_{b,t} = \frac{dM_{b,t}}{dx} - \frac{dM_{z,t}}{dx} + e_b\left(\frac{dN_{b,t}}{dx} - \frac{dN_{z,t}}{dx}\right) + \frac{dN_{z,t}}{dx}\,c,$$

$$Q_{b,t} = Q'_0\left({}^{M}\varkappa'_{M,b} + {}^{M}\varkappa'_{M,st}\frac{\frac{1}{n_z}F_z\,e''(c - e_b) - \frac{1}{n_z}J_z}{J'_{st}} + {}^{M}\varkappa'_{N,st}\frac{F'_{st}\,e_b + \frac{1}{n_z}F_z(c - e_b)}{F'_{st}}\right). \tag{B.5.19a}$$

2*

Bei zentrisch vorgespannter Betonplatte ergibt sich unter der Annahme nach [2]:

$$Q_{st,t} = Q_0' \left({}^M\varkappa'_{M,st} - {}^M\varkappa'_{N,st}\, e_{st}\right), \tag{B.5.18b}$$

$$Q_{b,t} = Q_0' \left[{}^M\varkappa'_{M,b} + \left({}^M\varkappa'_{N,b} - {}^M\varkappa'_{N,z}\right) e_b\right]. \tag{B.5.19b}$$

c) Änderung der Querkraftverteilung durch Kriechen des Betons unter linear mit φ_t anwachsender Belastung. In diesem Falle sind die $\varkappa$-Werte der konstant wirkenden Belastung durch die $(\varkappa)$-Werte aus linear anwachsender Belastung zu ersetzen.

$(\varkappa')$-Werte bei vorgespannten Querschnitten.

$$\begin{aligned}
{}^M M_{st,t} &= ({}^M\varkappa_{M,st})\,\overline{M} & \overline{M}\ \text{linear mit}\ \varphi_t\ \text{anwachsend} \\
{}^M N_{st,t} &= ({}^M\varkappa_{N,st})\,\overline{M} & \overline{M}\ \text{linear mit}\ \varphi_t\ \text{anwachsend} \\
{}^N M_{st,t} &= ({}^N\varkappa_{M,st})\,\overline{N} & \overline{N}\ \text{linear mit}\ \varphi_t\ \text{anwachsend} \\
{}^N N_{st,t} &= ({}^N\varkappa_{N,st})\,\overline{N} & \overline{N}\ \text{linear mit}\ \varphi_t\ \text{anwachsend}
\end{aligned} \tag{B.5.20}$$

Ergebnisse der Zahlenrechnung

Tabelle 5. Querkraftverteilung zur Zeit $t = t_0$

Quer-schnitt	$Q_0 = 1,0\ \text{t}$	
	$Q_{st,0} \downarrow$	$Q_{b,0} \downarrow$
	t	t
1	0,3516	0,6484
2	0,5409	0,4591
3	0,7321	0,2679
5	0,9386	0,0614

Tabelle 6. Umlagerungsquerkräfte

Quer-schnitt	$Q_0 = 1,0\ \text{t konstant wirkend}$					
	$\varphi_n = 1,0$		$\varphi_n = 2,0$		$\varphi_n = 3,0$	
	$Q_{st,t} \downarrow$	$Q_{b,t} \uparrow$	$Q_{st,t} \downarrow$	$Q_{b,t} \uparrow$	$Q_{st,t} \downarrow$	$Q_{b,t} \uparrow$
	t	t	t	t	t	t
1	0,0779	0,0779	0,1192	0,1192	0,1424	0,1424
2	0,0606	0,0606	0,0907	0,0907	0,1078	0,1078
3	0,0365	0,0365	0,0569	0,0569	0,0708	0,0708
5	0,0046	0,0046	0,0088	0,0088	0,0127	0,0127

Die Tab. 5 zeigt, daß bei Verbundträgergurten Querschnitt 1 und 2 und auch bei Hochbauträgern Querschnitt 3 ein großer Teil der Querkraft vom Betonquerschnitt aufgenommen wird. Für Brückenverbundträger Querschnitt 5 erübrigt sich eine Untersuchung, da praktisch die gesamte Querkraft vom Stahlträger aufgenommen wird. Durch Kriechen des Betons erfolgt eine Abminderung der Querkraft im Beton, z. B. ergeben sich für den Verbundgurt (Querschnitt 1) im endgültigen Zustand bei $\varphi_n = 3,0$ die prozentualen Querkraftanteile zu:

$$Q_{st} = 35\% + 14\% = 49\%,$$

$$Q_b = 65\% - 14\% = 51\%.$$

Für den Brückenträger (Querschnitt 5):

$$Q_{st} = 94\% + 1\% = 95\%,$$

$$Q_b = 6\% - 1\% = 5\%.$$

6. Schubfluß

Werden die Gleichgewichtsbedingungen nicht für den gesamten Stahlträger oder die gesamte Betonplatte wie in Abschn. 5 aufgestellt, sondern nur für abgetrennt gedachte Teile des Querschnittes, so erhält man Beziehungen für den an der Schnittstelle wirkenden Schubfluß.

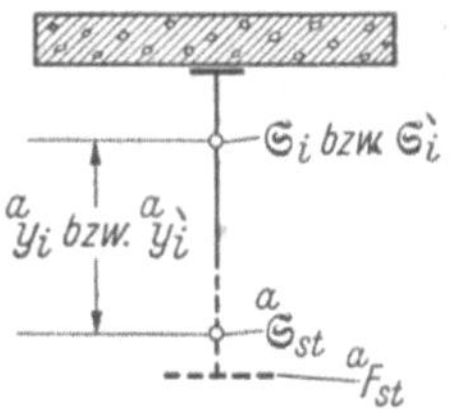

a) Schubfluß zur Zeit $t = 0$ (für gegebene vertikale Belastung). Normale bzw. bewehrte oder vorgespannte Betonplatte.

$$T_0 = \frac{{}^aS_i}{J_i} Q_0 \quad \text{bzw.} \quad T_0' = \frac{{}^aS_i'}{J_i'} Q_0'. \qquad \text{(B.6.17)}$$

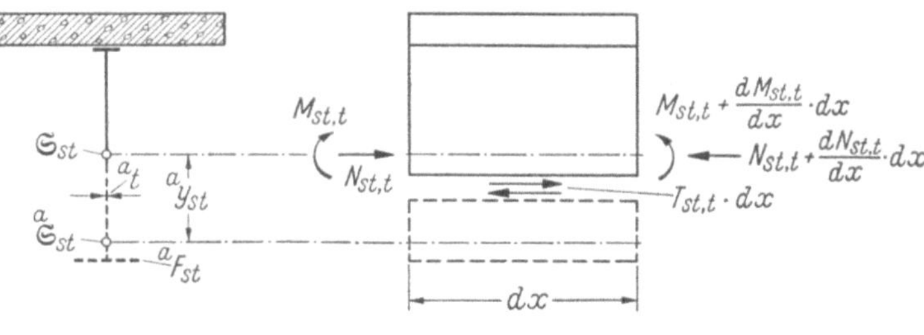

Abb. 16

Hierbei bedeuten ${}^aS_i$ bzw. ${}^aS_i'$ das statische Moment des abgeschnittenen Teiles (Stahl oder Beton) um den Schwerpunkt $\mathfrak{S}_i$ bzw. $\mathfrak{S}_i'$.

Der Verdübelungsschubfluß in der Berührungsfuge von Stahl und Beton beträgt:

$$^DT_0 = \frac{{}^aS_i}{J_i} Q_0 \quad \text{bzw.} \quad ^DT_0' = \frac{{}^aS_i'}{J_i'} Q_0'. \qquad \text{(B.6.2)}$$

b) Schubfluß zur Zeit $t = t_n$ (Einfluß von Kriechen bei vertikaler Belastung). α) Verbundträger mit normaler Betonplatte.

Stahlträger:

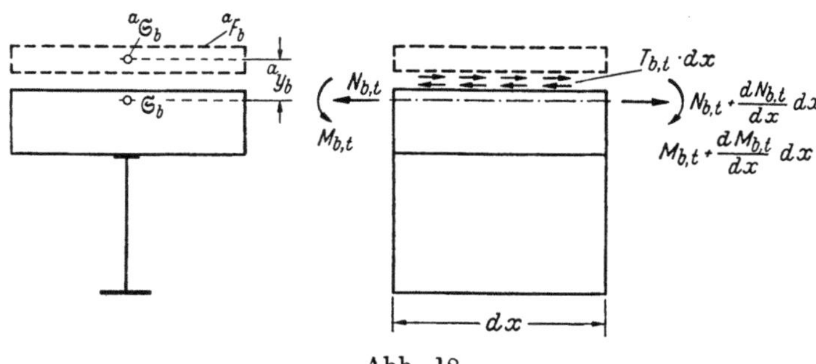

Abb. 17

Die Gleichgewichtsbedingung lautet für den abgeschnittenen Teil:

$$T_{st,t}\, dx + \frac{dN_{st,t}}{dx} dx \frac{{}^aF_{st}}{F_{st}} - \frac{dM_{st,t}}{dx} dx \frac{{}^ay_{st}}{J_{st}} {}^aF_{st} = 0 \qquad \text{(B.6.3)}$$

mit

$$\frac{dM_{st,t}}{dx} = {}^M\varkappa_{M,st} Q_0 \quad \text{und} \quad \frac{dN_{st,t}}{dx} = {}^M\varkappa_{N,st} Q_0$$

wird

$$T_{st,t} = Q_0\left({}^M\varkappa_{M,st} \frac{{}^aS_{st}}{J_{st}} - {}^M\varkappa_{N,st} \frac{{}^aF_{st}}{F_{st}}\right); \qquad {}^aS_{st} = {}^aF_{st}\,{}^ay_{st}. \qquad \text{(B.6.4)}$$

Betonplatte:

Abb. 18

Beim Beton ergibt sich:

$$T_{b,t}\, dx + \frac{dN_{b,t}}{dx} dx \frac{{}^aF_b}{F_b} + \frac{dM_{b,t}}{dx} dx \frac{{}^ay_b\,{}^aF_b}{J_b} = 0 \qquad \text{(B.6.5)}$$

mit

$$\frac{dN_{b,t}}{dx} = {}^M\varkappa_{N,b}\,Q_0; \qquad \frac{dM_{b,t}}{dx} = {}^M\varkappa_{M,b}\,Q_0; \qquad {}^aS_b = {}^ay_b\,{}^aF_b$$

$$T_{b,t} = -Q_0\left({}^M\varkappa_{M,b}\,\frac{{}^aS_b}{J_b} + {}^M\varkappa_{N,b}\,\frac{{}^aF_b}{F_b}\right). \tag{B.6.6}$$

Der Verdübelungsschubfluß beträgt:

$${}^DT_t = {}^M\varkappa_N\,Q_0. \tag{B.6.7}$$

β) **Verbundträger mit vorgespannter oder bewehrter Betonplatte.**

Stahlträger:

mit
$$\frac{dM_{st,t}}{dx} = \frac{J_{st}}{J'_{st}}\,{}^M\varkappa'_{M,st}\,Q'_0; \qquad \frac{dN_{st,t}}{dx} = Q'_0\,\frac{F_{st}}{F'_{st}}\left[{}^M\varkappa'_{N,st} - \frac{F'_{st}\,e'}{J'_{st}}\,{}^M\varkappa'_{M,st}\right].$$

$$T_{st,t} = Q'_0\left[{}^M\varkappa'_{M,st}\,\frac{{}^aS_{st} + F'_{st}\,e'}{J'_{st}} - {}^M\varkappa'_{N,st}\,\frac{{}^aF_{st}}{F'_{st}}\right]; \qquad {}^aS_{st} = {}^aF_{st}\,{}^ay_{st}. \tag{B.6.8}$$

Betonplatte:

mit
$$\frac{dN_{z,t}}{dx} = Q'_0\,\frac{\frac{1}{n}F_z}{F'_{st}}\left[{}^M\varkappa'_{N,st} + \frac{F'_{st}\,e''}{J'_{st}}\,{}^M\varkappa'_{M,st}\right]; \qquad \frac{dN_{b,t}}{dx} = {}^M\varkappa_{N,b}\,Q'_0$$

$$\frac{dM_{z,t}}{dx} = \frac{\frac{1}{n_z}J_z}{J'_{st}}\,{}^M\varkappa'_{M,st}\,Q'_0; \qquad \frac{dM_{b,t}}{dx} = {}^M\varkappa'_{M,b}\,Q'_0$$

$${}^aS_b = {}^ay_b\,{}^aF_b; \qquad {}^aS_z = {}^ay_z\,{}^aF_z.$$

$$T_{b,t} = -Q'_0\left[{}^M\varkappa'_{M,b}\,\frac{{}^aS_b}{J_b} - {}^M\varkappa'_{M,st}\,\frac{\frac{1}{n_z}{}^aS_z + e''\,\frac{1}{n_z}{}^aF_z}{J'_{st}} + {}^M\varkappa'_{N,st}\left(\frac{{}^aF_b}{F_b} - \frac{\frac{1}{n_z}{}^aF_z}{F'_{st}}\right)\right]. \tag{B.6.9}$$

Der Verdübelungsschubfluß beträgt:

$${}^DT_t = Q'_0\,\frac{F_{st}}{F'_{st}}\left[{}^M\varkappa'_{N,st} - \frac{F'_{st}\,e'}{J'_{st}}\,{}^M\varkappa'_{M,st}\right]. \tag{B.6.10}$$

Beispiele. Verdübelungsschubfluß ${}^DT_0$ infolge der Verteilungskräfte zur Zeit $t = 0$ und Verdübelungsschubfluß ${}^DT_t$ infolge der Umlagerungskräfte bei konstant wirkender Belastung.

Tabelle 7

Quer-schnitt	$Q_0 = 1,0\ \text{t}$			
	${}^DT_0 + \rightleftarrows$	${}^DT_t + \leftrightarrows$		
		$\varphi_n = 1,0$	$\varphi_n = 2,0$	$\varphi_n = 3,0$
	t/m	t/m	t/m	t/m
1	1,1008	−0,2155	−0,3126	−0,3516
2	1,0721	−0,0828	−0,1051	−0,1022
3	1,1709	0,0174	0,0584	0,1070
5	0,4572	0,0366	0,0703	0,1013

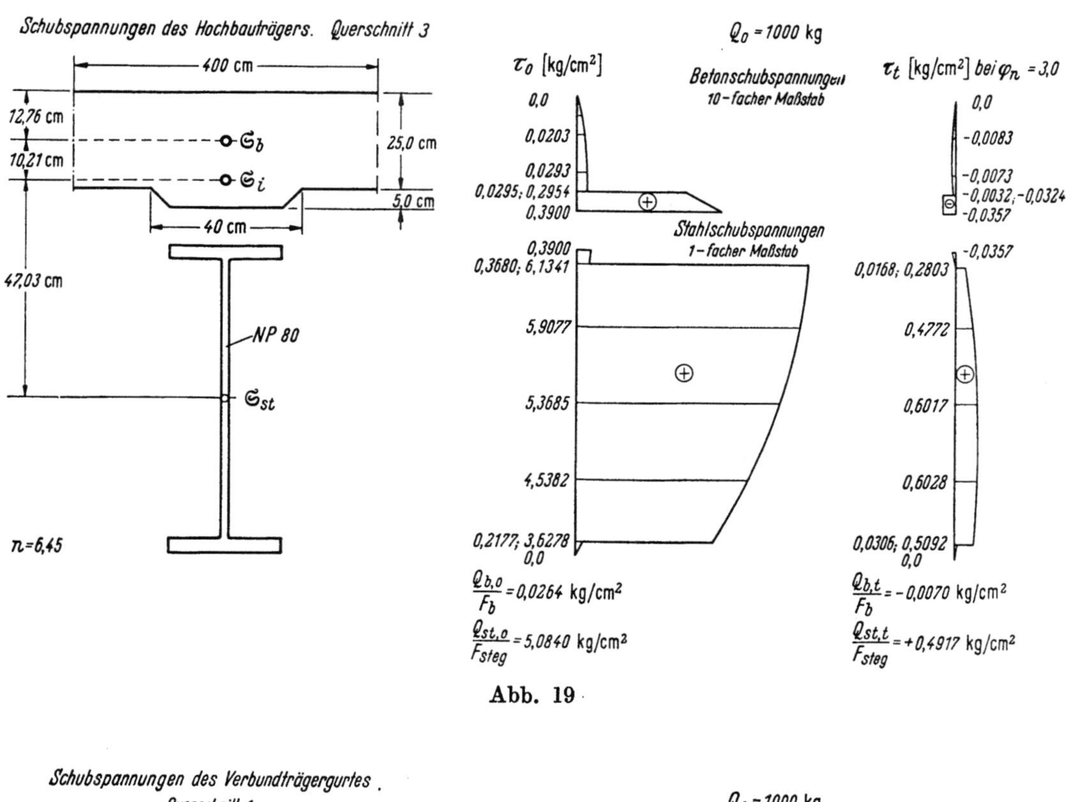

Abb. 19

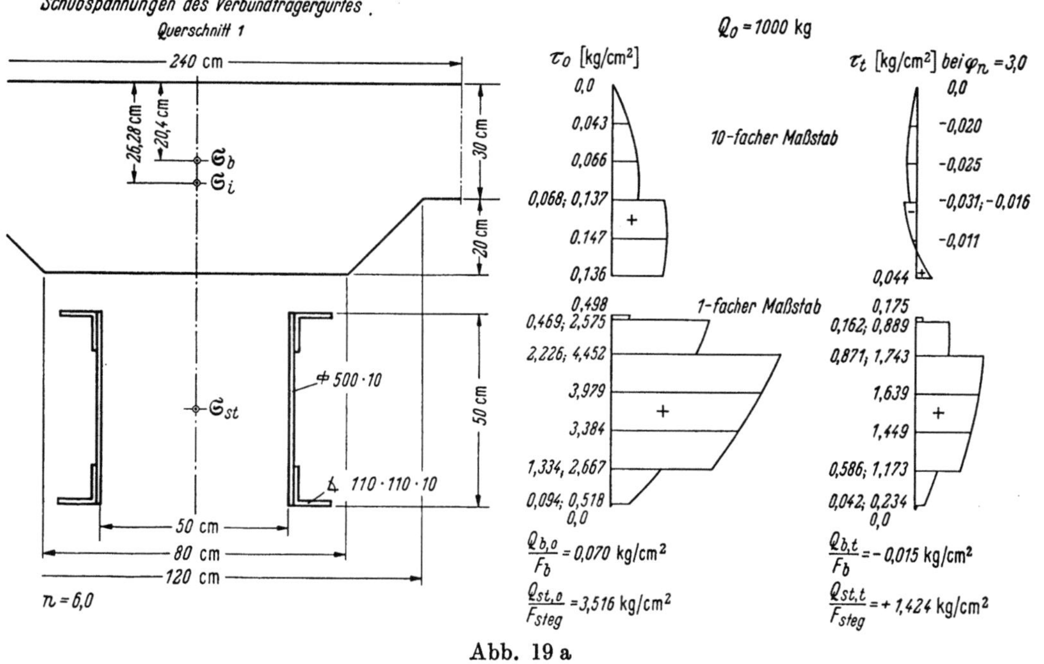

Abb. 19 a

Die Schubspannungsverteilung zur Zeit $t = 0$ im Stahlträger ist der charakteristischen Verteilung in reinen Stahlträgern ähnlich. Die Schubspannung in der Betonplatte ist sehr gering, erreicht aber im Bereich der Voute eine gefährliche Spitze. Die Schubspannungen infolge Kriechens wechseln ihr Vorzeichen im Querschnitt. Im Beton werden die Spannungen kleiner, während sie im Stahlträger erhöht werden. Eine gute mittlere Verteilung der Schubspannungen erhält man, indem man die Querkraft des Betons durch die Betonquerschnittsfläche dividiert oder die Querkraft des Stahlträgers durch die Fläche des Steges dividiert.

C. Näherungsverfahren zur Berechnung der statisch unbestimmten Größen aus Kriechen und Schwinden bei statisch unbestimmten Verbundträgersystemen

Allgemeines

Die genaue Berechnung der zeitabhängigen statisch unbestimmten Größen hat Sattler [2], [3] gezeigt. Es wurden hierzu an der Wirkungsstelle der Unbekannten unter Berücksichtigung der Kontinuität des Trägers gekoppelte Differentialgleichungen für ein Zeitelement aufgestellt und numerisch gelöst. Wie schon im Abschnitt B erwähnt, streben die Unbekannten praktisch linear mit φ_t ihrem Endwert zu. Ist aber das Gesetz des zeitlichen Verlaufes mit φ_t bekannt, so können, wie nachfolgend gezeigt wird, die Werte der Unbekannten auch direkt in guter Annäherung über die Endverformungen ermittelt werden. Bei Müller [13] findet sich eine ähnliche Betrachtungsweise, die dem Verfasser nach Fertigstellung der nachfolgenden Entwicklungen der Kapitel C. 1 und 2 bekannt wurde.

1. Berechnung der Verformungen zum Zeitpunkt $t = t_n$

Die Verformungen lassen sich in bekannter Weise [2] berechnen, wobei nun aber mit Vorteil die im Abschn. B entwickelten Näherungsformeln für die Umlagerungsgrößen Verwendung finden können. Damit gelten die nachfolgenden Gleichungen allgemein für Verbundsysteme mit beliebiger Querschnittsausbildung.

a) Verformung aus Kriechen unter ständig wirkenden Lasten $\tilde{M}_0$ und $\tilde{N}_0$. $\tilde{M}_0$ und $\tilde{N}_0$ sind die Momente und Längskräfte des statisch unbestimmten Systems zur Zeit $t = 0$.

Nach Abschn. B. 3 ergeben sich Umlagerungsgrößen im Stahlträger für $t = t_n$ zu:

$$\left.\begin{aligned}
{}^{M}M_{st,tn} &= {}^{M}\varkappa_{M,st}\,\tilde{M}_0\,; & {}^{N}M_{st,tn} &= {}^{N}\varkappa_{M,st}\,\tilde{N}_0, \\
{}^{M}N_{st,tn} &= {}^{M}\varkappa_{N,st}\,\tilde{M}_0\,; & {}^{N}N_{st,tn} &= {}^{N}\varkappa_{N,st}\,\tilde{N}_0.
\end{aligned}\right\} \qquad \text{(C.1.1.)}$$

Damit erhält man die Klaffung zur Zeit $t = t_n$ für das gedachte statisch bestimmte Grundsystem:

$$\left.\begin{aligned}
E_{st}J_c\,\tilde{\delta}_{iB,tn} = &\int\limits_{(VB)} \mathfrak{M}_i\,\tilde{M}_0\,{}^{M}\varkappa_{M,st}\,\frac{J_c}{J_{st}}\,ds + \int\limits_{(VB)} \mathfrak{M}_i\,\tilde{N}_0\,{}^{N}\varkappa_{M,st}\,\frac{J_c}{J_{st}}\,ds + \\
&+ \frac{J_c}{F_c}\int\limits_{(VB)} \mathfrak{N}_i\,\tilde{M}_0\,{}^{M}\varkappa_{N,st}\,\frac{F_c}{F_{st}}\,ds + \frac{J_c}{F_c}\int\limits_{(VB)} \mathfrak{N}_i\,\tilde{N}_0\,{}^{N}\varkappa_{N,st}\,\frac{F_c}{F_{st}}\,ds
\end{aligned}\right\} \quad \text{(C.1.2)}$$

Es ergeben sich Anteile nur im Verbundbereich (VB). Ist im F_{st} und J_{st} eine schlaffe Bewehrung berücksichtigt, so ist $\mathfrak{M}_i$ und $\mathfrak{N}_i$ auf den Schwerpunkt von Stahlträger und Bewehrung zu beziehen.

b) Verformungen aus Schwinden. Mit

$${}^{N_{sch}}M_{st,tn} = {}^{S}\varkappa_{M,st}\,N_{sch}\,; \qquad {}^{N_{sch}}N_{st,tn} = {}^{S}\varkappa_{N,st}\,N_{sch} \qquad \text{(C.1.3)}$$

bestimmt sich die Verformung zu:

$$E_{st}J_c\,\delta_{is,tn} = \int\limits_{(VB)} \mathfrak{M}_i\,N_{sch}\,{}^{S}\varkappa_{M,st}\,\frac{J_c}{J_{st}}\,ds + \frac{J_c}{F_c}\int\limits_{(VB} \mathfrak{N}_i\,N_{sch}\,{}^{S}\varkappa_{N,st}\,\frac{F_c}{F_{st}}\,ds. \qquad \text{(C.1.4)}$$

c) Verformungen infolge der linear mit φ_t ansteigenden Belastung aus X_{tn}. Die an der Schnittstelle mit der Zeit neu auftretenden Unbekannten X_{tn} bewirken zunächst elastische Verformungen. Weiterhin kommt wieder eine Kriechverformung im Verbundbereich (VB) hinzu, die wie oben berechnet wird, wobei nur die Umlagerungsgrößen für linear ansteigende Belastung eingesetzt werden müssen. Nach Abschn. B. 4 Umlagerungsgrößen im Stahlträger für ansteigende Belastung:

$$^M\overline{M}_{st,tn} = (^M\varkappa_{M,st})M\,; \qquad ^N\overline{M}_{st,tn} = (^N\varkappa_{M,st})\,N,$$
$$^N\overline{N}_{st,tn} = (^M\varkappa_{N,st})\,M\,; \qquad ^N\overline{N}_{st,tn} = (^N\varkappa_{N,st})\,N \tag{C.1.5}$$

ergibt sich die Gesamtverformung zu:

$$
\begin{aligned}
E_{st}J_c\,\delta_{ik,tn} = &\int M_i M_k \frac{J_c}{J_i}\,ds + \frac{J_c}{F_c}\int N_i N_k \frac{F_c}{F_i}\,ds + \\
&+ \int_{(VB)} \mathfrak{M}_i M_k (^M\varkappa_{M,st}) \frac{J_c}{J_{st}}\,ds + \int_{(VB)} \mathfrak{M}_i N_k (^N\varkappa_{M,st}) \frac{J_c}{J_{st}}\,ds + \\
&+ \frac{J_c}{F_c}\int_{(VB)} \mathfrak{N}_i M_k (^M\varkappa_{N,st}) \frac{F_c}{F_{st}}\,ds + \frac{J_c}{F_c}\int_{(VB)} \mathfrak{N}_i N_k (^N\varkappa_{N,st}) \frac{F_c}{F_{st}}\,ds .
\end{aligned}
\tag{C.1.6}
$$

Die beiden ersten Integrale, die die elastische Verformung ergeben, erstrecken sich über die ganze Trägerlänge.

Bei allen Formeln sind in Bereichen mit vorgespannter Betonplatte die Werte J_i'; J_{st}'; $\varkappa'$; $(\varkappa')$; F_{st}'; F_i' einzusetzen. Statt $\mathfrak{M}_i$ und $\mathfrak{N}_i$ sind die auf den Schwerpunkt $\mathfrak{S}_{st}'$ bezogenen Werte $\mathfrak{M}_i'$ und $\mathfrak{N}_i'$ zu berücksichtigen. Für Vorberechnungen sind bei der Berechnung der δ-Werte die Integrationstabellen von Schrader [12] vorteilhaft anzuwenden.

Bei Vollwandverbundkonstruktionen mit veränderlichem Trägheitsmoment empfiehlt es sich, wieder die Endverformungen aus den Umlagerungsgrößen infolge Kriechens und Schwindens ohne $\varkappa$-Werte mit Hilfe der oben angegebenen Formeln für $M_{st,t}$ und $N_{st,t}$ in der folgenden allgemeinen Form zu berechnen[1]:

$$\delta_{t,tn} = \int \mathfrak{M}_i M_{st,tn} \frac{ds}{E_{st}J_{st}} + \int \mathfrak{N}_i N_{st,tn} \frac{ds}{E_{st}F_{st}} .$$

2. Berechnung der statisch unbestimmten Größen X_{tn}

Die statisch unbestimmten Größen können jetzt aus den Kontinuitätsgleichungen zur Zeit t_n berechnet werden; es gilt:

$$
\begin{aligned}
X_{1,tn}\delta_{11,tn} + X_{2,tn}\delta_{12,tn} + \cdots + \widetilde{\delta}_{1B,tn} + \delta_{1s,tn} = 0\\
X_{1,tn}\delta_{21,tn} + X_{2,tn}\delta_{22,tn} + \cdots + \widetilde{\delta}_{2B,tn} + \delta_{2s,tn} = 0
\end{aligned}
\tag{C.2.1}
$$

aus diesen Gleichungssystemen erhält man

$$X_{i,tn} = \frac{D_i}{D}, \tag{C.2.2}$$

wobei

$$
D = \begin{vmatrix} \delta_{11,tn} & \delta_{12,tn} & \delta_{13,tn} & \cdots \\ \delta_{21,tn} & \delta_{22,tn} & \cdots & \cdots \\ \cdots & \cdots & \cdots & \end{vmatrix};
\qquad
D_i = \begin{vmatrix} \delta_{11,tn} & \delta_{12,tn} & \cdots & -(\widetilde{\delta}_{1B,tn} + \delta_{1s,tn}) \\ \delta_{21,tn} & \delta_{22,tn} & \cdots & -(\widetilde{\delta}_{2B,tn} + \delta_{2s,tn}) \\ \cdots & \cdots & \cdots & -(\widetilde{\delta}_{iB,tn} + \delta_{is,tu}) \end{vmatrix} .
$$

3. Ableitung eines ν-Faktor für durchlaufende Verbundträger

Für durchlaufende Verbundträger vereinfacht sich Gl. (C.1.6) mit $\mathfrak{N} = N = 0$ und $\mathfrak{M} = M$ zu

$$E_{st}J_c\,\delta_{ik,tn} = \int M_i M_k \frac{J_c}{J_i}\,ds + \int M_i M_k (^M\varkappa_{M,st}) \frac{J_c}{J_{st}}\,ds . \tag{C.3.1}$$

Ist $(^M\varkappa_{M,st}) \dfrac{J_i}{J_{st}}$ über die ganze Trägerlänge konstant, so erhält man

$$E_{st}J_c\,\delta_{ik,tn} = \int M_i M_k \frac{J_c}{J_i}\,ds \left[1 + (^M\varkappa_{M,st}) \frac{J_i}{J_{st}} \right] \tag{C.3.2}$$

---

[1] Siehe auch [4], [5] und Lehrblätter des Lehrstuhls für Stahlbau, Berlin-Charlottenburg 1956.

mit

$$v = \frac{1}{1 + ({}^{M}\varkappa_{M,st})\dfrac{J_i}{J_{st}}}. \qquad (C.\,3.3)$$

$$E_{st}\, J_c\, \delta_{ik,tn} = \frac{1}{v} \int M_i\, M_k \frac{J_c}{J_i}\, ds = \frac{1}{v}\, \delta_{ik,t=0}. \qquad (C.\,3.4)$$

Schreibt man nun wieder die Kontinuitätsgleichungen auf, so ergibt sich:

$$X_{i,tn} = v\, \frac{D_i}{D_{t=0}}. \qquad (C.\,3.5)$$

$$D_{t=0} = \begin{vmatrix} \delta_{11,t=0} & \delta_{12,t=0} & \cdot\ \cdot\ \cdot \\ \cdot\ \cdot\ \cdot\ \cdot\ \cdot\ \cdot\ \cdot\ \cdot\ \cdot\ \cdot\ \cdot\ \cdot \\ \cdot\ \cdot\ \cdot\ \cdot\ \cdot\ \cdot\ \cdot\ \cdot\ \cdot\ \cdot\ \cdot\ \cdot \end{vmatrix} \quad \text{wie zur Zeit } t = 0, \qquad (C.\,3.6)$$

$$D_t = \begin{vmatrix} \delta_{11,t=0} & \cdot\ \cdot\ \cdot & -(\tilde{\delta}_{1B,tn} + \delta_{1s,tn}) & \cdot\ \cdot\ \cdot \\ \cdot\ \cdot\ \cdot\ \cdot\ \cdot\ \cdot\ \cdot\ \cdot\ \cdot\ \cdot\ \cdot\ \cdot\ \cdot\ \cdot\ \cdot \\ \cdot\ \cdot\ \cdot\ \cdot\ \cdot\ \cdot & -(\tilde{\delta}_{iB,tn} + \delta_{is,tn}) & \cdot\ \cdot\ \cdot \end{vmatrix}. \qquad (C.\,3.7)$$

Ist $({}^{M}\varkappa_{M,st})\dfrac{J_i}{J_{st}}$ nicht konstant, so kann ein Mittelwert eingeführt werden.

Bei Brückenverbundträgern gilt mit dem Wert $\psi = 0{,}54$ nach Sattler [4]

$$({}^{M}\varkappa_{M,st}) = 0{,}54\,{}^{M}\varkappa_{M,st} \qquad (C.\,3.8)$$

und

$$v = \frac{1}{1 + 0{,}54\,{}^{M}\varkappa_{M,st}\dfrac{J_i}{J_{st}}}. \qquad (C.\,3.9)$$

Sattler hat in seiner Veröffentlichung [4] einen v-Wert angegeben, der etwa gleiche Werte liefert, aber nicht anwendbar ist bei Rahmen und Systemen mit unterbrochenen Verbundbereichen[1].

Der Fall feldweiser konstanter $\varkappa$-Werte liegt zum Beispiel immer bei Verbundgurten von Fachwerkträgern zwischen den einzelnen Knotenpunkten vor.

4. Iterationsverfahren mittels Momentenausgleich nach Kani für durchlaufende Verbundträger

Wie sich ergeben hat, kann das Ausgleichsverfahren auch für die Ermittlung der Einflüsse aus Kriechen und Schwinden vorteilhaft verwendet werden. Aus der Zahlenrechnung ergab sich folgender einfacher Rechnungsgang:

Für die einzelnen Felder werden die Volleinspannmomente $(\overline{M}_{i,k})$ aus Kriechen und Schwinden unter der gegebenen Belastung berechnet.

$$(\overline{M}_{i,k}) = \frac{D_i}{D_{t=0}}; \quad D_t = \begin{vmatrix} -(\tilde{\delta}_{iB,tn} + \delta_{is,tn}) & \delta_{ik,t=0} \\ -(\tilde{\delta}_{kB,tn} + \delta_{ks,tn}) & \delta_{kk,t=0} \end{vmatrix}; \quad D_{t=0} = \begin{vmatrix} \delta_{ii,t=0} & \delta_{ik,t=0} \\ \delta_{ki,t=0} & \delta_{kk,t=0} \end{vmatrix}.$$

Diese Volleinspannmomente werden mit dem entsprechenden v_{ik}-Wert des Feldes reduziert, $\overline{M}_{i,k} = v_{i,k}(\overline{M}_{i,k}) = v_{i,k}\dfrac{D_i}{D_{t=0}}$ und in üblicher Weise über das ganze System ausgeglichen. So ergeben sich die endgültigen Momente in ausgezeichneter Näherung.

Beispiele zu 1. bis 4.

1. Beispiel. Rahmen mit teilweisem Verbund. Bei diesem Rahmen kann nicht mit einem Mittelwert von $\varkappa$ gerechnet werden. Die Verformungen müssen nach dem Abschn. C.1 ermittelt werden.

---

[1] Diese Systeme sind nach den Abschnitten C.1 und C.2 zu berechnen.

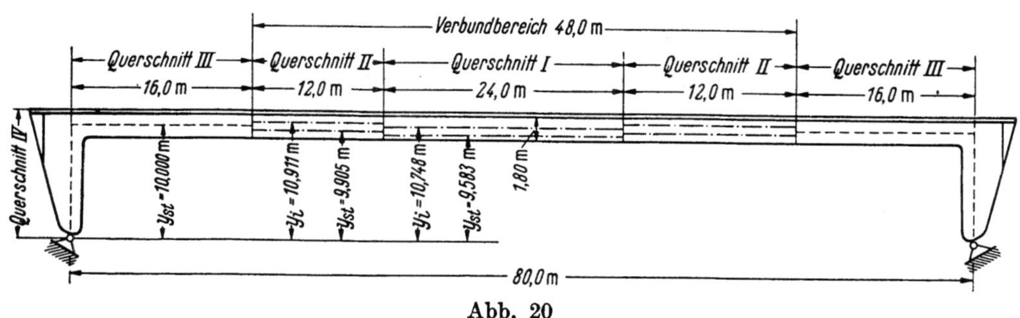

Abb. 20

Tabelle 8. Querschnittswerte im Verbundbereich

Querschnitt	Stahlträger	F_{st}	a	J_{st}	F_i	a_b	S_i	J_i	α_{st}
		cm²	cm	cm⁴	cm²	cm	cm³	cm⁴	
II	300 · 20 1800 · 12 450 · 20	366	120,0	1804987	2266	19,4	36813	6221083	0,04686
I	300 · 20 1800 · 12 450 · 40 420 · 30	582	152,2	2833255	2482	35,7	67832	13160677	0,05048

Tabelle 9. Verhältniswerte

Querschnitt	$F_c = 0{,}1\,\mathrm{m}^2$		$J_0 = 0{,}1\,\mathrm{m}^4$	
	F_c/F_{st}	F_c/F_i	J_c/J_{st}	J_c/J_i
I	1,718213	0,402901	3,529453	0,759858
II	2,732740	0,441306	5,540166	1,607433
III	1,0		1,0	
IV	1,0		0,8	

Für $g = 4{,}3\,\mathrm{t/m}$ erhält man:

$$\widetilde{M}_0 = {}^{G}M = {}^{G}M_0 + {}^{G}X_1\,M_1.$$

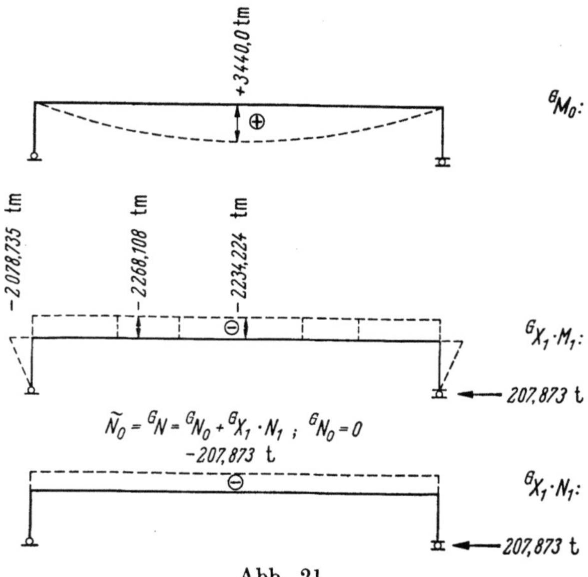

Abb. 21

Tabelle 10

Quer-schnitt	$\varkappa$-Werte									
	$^{M}\varkappa_{M,st}$	$^{N}\varkappa_{M,st}$	$^{M}\varkappa_{N,st}$	$^{N}\varkappa_{N,st}$	$^{S}\varkappa_{M,st}$	$^{S}\varkappa_{N,st}$	$(^{M}\varkappa_{M,st})$	$(^{N}\varkappa_{M,st})$	$(^{M}\varkappa_{N,st})$	$(^{N}\varkappa_{N,st})$
	m	m^{-1}			m			m	m^{-1}	
I	$+$ 0,075309	$-$ 0,111850	$-$ 0,049480	$+$ 0,073489	$+$ 0,073056	$--$ 0,048000	$+$ 0,038540	$-$ 0,057241	$-$ 0,025322	$+$ 0,037609
II	$+$ 0,063553	$-$ 0,090053	$-$ 0,052961	$+$ 0,075044	$+$ 0,053700	$-$ 0,04475	$+$ 0,031974	$-$ 0,045306	$-$ 0,026645	$+$ 0,037755

$$\varphi_n = 2{,}0; \qquad \varepsilon_s = 20 \cdot 10^{-5}.$$

$$E_{st}J_c\delta_{11,tn} = \int M_1 M_1 \frac{J_c}{J_i}\,ds + \frac{J_c}{F_c}\int N_1 N_1 \frac{F_c}{F_i}\,ds + \int_{(VB)} \mathfrak{M}_1 M_1 \,(^{M}\varkappa_{M,st})\frac{J_c}{J_{st}}\,ds +$$

$$+ \int_{(VB)} \mathfrak{M}_1 N_1 \,(^{N}\varkappa_{M,st})\frac{J_c}{J_{st}}\,ds + \frac{J_c}{F_c}\int_{(VB)} \mathfrak{N}_1 M_1 \,(^{M}\varkappa_{N,st})\frac{F_c}{F_{st}}\,ds + \frac{J_c}{F_c}\int_{(VB)} \mathfrak{N}_1 N_1 \,(^{N}\varkappa_{N,st})\frac{F_c}{F_{st}}\,ds$$

$$= +10432{,}714733 + 52{,}260968 + 795{,}710290 - 106{,}133526 - 30{,}286967 + 4{,}026604$$

$$= +11148{,}292102\,.$$

$$E_{st}J_c\tilde{\delta}_{1B,tn} = \int_{(VB)} \mathfrak{M}_1 \tilde{M}_0 \,^{M}\varkappa_{M,st}\frac{J_c}{J_{st}}\,ds + \int_{(VB)} \mathfrak{M}_1 \tilde{N}_0 \,^{N}\varkappa_{M,st}\frac{J_c}{J_{st}}\,ds +$$

$$+ \frac{J_c}{F_c}\int_{(VB)} \mathfrak{N}_1 \tilde{M}_0 \,^{M}\varkappa_{N,st}\frac{F_c}{F_{st}}\,ds + \frac{J_c}{F_c}\int \mathfrak{N}_1 \tilde{N}_0 \,^{N}\varkappa_{N,st}\frac{F_c}{F_{st}}\,ds$$

$$= -105024{,}768782 - 43527{,}540202 + 3810{,}726577 + 1652{,}883856$$

$$= -143088{,}698551,$$

$$E_{st}J_c\delta_{1s,tn} = \int_{(VB)} \mathfrak{M}_1 N_{sch} \,^{S}\varkappa_{M,st}\frac{J_c}{J_{st}}\,ds + \frac{J_c}{F_c}\int \mathfrak{N}_1 N_{sch} \,^{S}\varkappa_{N,st}\frac{F_c}{F_{st}}\,ds$$

$$= -104021{,}004869 + 3931{,}045709$$

$$= -100089{,}959160 \quad \text{mit} \quad N_{sch} = 800\,\text{t},$$

$$^{G}X_{1,tn} = \frac{143088{,}698551}{11148{,}292102} = +12{,}835033\,\text{t} \quad \text{genauer Wert} \quad 13{,}214306\,\text{t} \quad \text{Fehler } 2{,}7\%,$$

$$^{S}X_{1,tn} = \frac{100089{,}959160}{11148{,}292102} = +\ 8{,}978053\,\text{t} \quad \text{genauer Wert} +9{,}242579\,\text{t} \quad \text{Fehler } 2{,}7\%\,.$$

2. Beispiel. Durchlaufender Verbundträger über den Stützen vorgespannt:

Straßenbrücke: $g = 3{,}3$ t/m; $p = 3{,}2$ t/m.

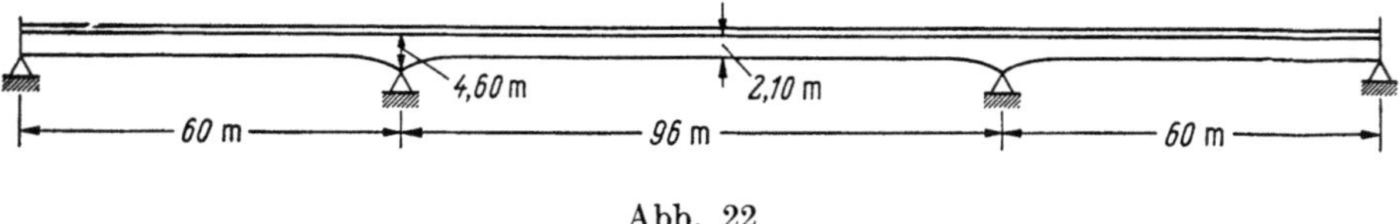

Abb. 22

Querschnitte s. Sattler [2] S. 217.

Bei solchen Durchlaufträgern mit Verbund über die ganze Länge kann mit einem Mittel-wert der $^{M}\varkappa_{M,st}$-Werte gerechnet werden, da diese Werte wenig voneinander abweichen. Die $^{M}\varkappa_{M,st}$ werden zur Berechnung der Spannungen benötigt. Zur Berechnung des v-Wertes nach Gl. (C. 3.9) wird der Mittelwert $^{M}\varkappa_{M,st}\frac{J_i}{J_{st}} = 0{,}393628$ verwendet, mit $\psi = 0{,}54$ erhält man dann

$$\nu = \frac{1}{1 + 0{,}54 \cdot 0{,}393\,628} = 0{,}824\,702\,.$$

Tabelle 11

$\varphi_n = 2{,}0$	Stützmomente X_{tn}: G = Eigengewicht, S = Schwinden, W = Widerlagerbewegung, V = Vorspannen nach dem Verbund				
	genau	Sattler $\nu = 0{,}8$	Fehler	$\nu = 0{,}824\,702$	Fehler
	tm	tm	%	tm	%
$^{G}X_{1,tn}$	−54,686	−52,045	4,8	−53,652	2,0
$^{W}X_{1,tn}$	−177,090	−173,176	2,2	−178,523	0,8
$^{S}X_{1,tn}$	−167,661	−163,974	2,0	−169,037	1,0
$^{V}X_{1,tn}$	−334,789	−329,714	1,6	−339,695	1,4

3. Beispiel. Verbundträger mit konstantem Querschnitt, über den Stützen vorgespannt.

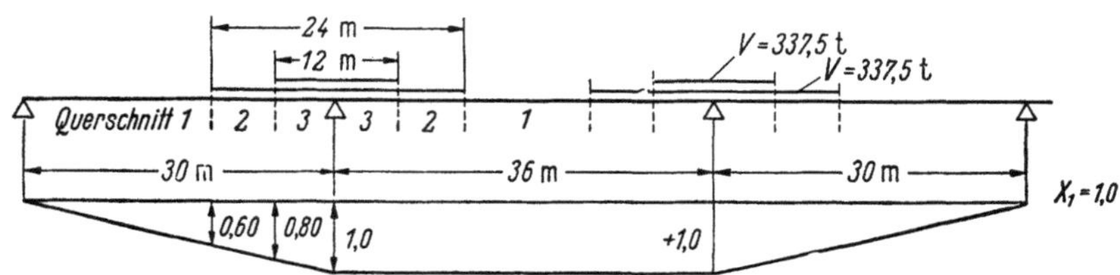

Abb. 23

Bei diesem Beispiel sind folgende Werte $\left(^{M}\varkappa_{M,st}\right)\dfrac{J_c}{J_{st}}$ vorhanden:

Querschnitt 1: 0,195\,210

„ 2: 0,172\,235

„ 3: 0,153\,068

Da hier nur drei verschiedene Querschnitte vorhanden sind, können die Verformungen schnell nach Gl. (C. 2) berechnet werden. Es ist

$$E_{st}\,J_c\,\delta_{11,\,t=0} = 28{,}201\,.$$

Für die Belastung: Eigengewicht, Vorspannung und Schwinden ist:

$$E_{st}\,J_c\,\delta_{1\,B,\,tn} = 16{,}303\,290\,.$$

Die Kriechverformungen für ansteigendes Moment lauten: $\displaystyle\int \mathfrak{M}_1\,M_1\left(^{M}\varkappa_{M,st}\right)\frac{J_c}{J_{st}}\,ds$

$$0{,}195\,210\left[\frac{1}{3}\,0{,}60^2 \cdot 18{,}0 + 1{,}0^2 \cdot 6{,}0\right] = 1{,}592\,914$$

$$0{,}172\,235\left[\frac{6{,}0}{6}\,(0{,}60\{2 \cdot 0{,}60 + 0{,}80\} + 0{,}80\{2 \cdot 0{,}80 + 0{,}60\}) + 1{,}0^2 \cdot 6{,}0\right] = 1{,}543\,226$$

$$0{,}153\,068\left[\frac{6{,}0}{6}\,(0{,}80\{2 \cdot 0{,}80 + 1{,}0\} + 1{,}00\{2 \cdot 1{,}0 + 0{,}80\}) + 1{,}0^2 \cdot 6{,}0\right] = 1{,}665\,380$$

$$\Sigma = 4{,}801\,520$$

damit:

$$E_{st}\,J_c\,\delta_{11,\,tn} = 28{,}201 + 4{,}801\,520 = 33{,}002\,520$$

$$X_{1,tn} = \frac{-16\,303{,}290}{33{,}002\,520} = -494{,}001\,\mathrm{tm} \qquad 0{,}8\,\%\ \text{Fehler}\,.$$

Genauer Wert $(-491{,}297\ \text{t}\cdot\text{m})$.

Nach Sattler mit $\nu = 0{,}83$: $-479{,}983\ \text{t}\cdot\text{m}$ $2{,}1\%$ Fehler.

4. Beispiel. Betonbalken. Querschnitt 4 des Abschnittes B mit einseitiger Vorspannbewehrung.

Aus der genauen Berechnung für Momentenbelastung und Schwinden bzw. Längskraft ergeben sich folgende ν-Werte:

genau: $\varphi_n = 2{,}0$ $\nu^M = 0{,}483$ $\nu^S = 0{,}573$

                 $\varphi_n = 3{,}0$ $\nu^M = 0{,}404$ $\nu^S = 0{,}500$

nach Sattler [3]: $\nu = 0{,}74 - 0{,}080\ \varphi_n$ $\varphi_n = 2{,}0$ $\nu = 0{,}580$

                 $\varphi_n = 3{,}0$ $\nu = 0{,}500$

nach Gl. (C. 3.9) $\nu = \dfrac{1}{1 + 0{,}54\ {}^M\varkappa_{M,st}\dfrac{J_i}{J_{st}}}$: $\varphi_n = 2{,}0$ $\nu = 0{,}566$

                              $\varphi_n = 3{,}0$ $\nu = 0{,}483$

Da bei vorgespannten Betonbalken nur der ν-Wert der Längskraft bzw. des Schwindens, die beide gleich sind, von praktischer Bedeutung ist, ist die Genauigkeit der ν-Werte der Näherungsberechnung vollkommen ausreichend.

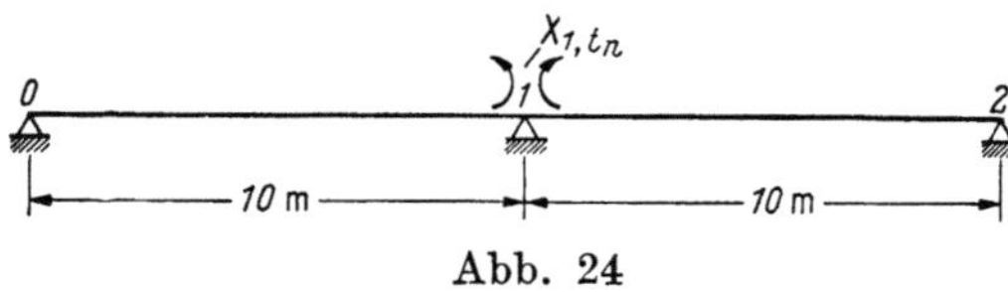

Abb. 24

5. Beispiel. Durchlaufträger. Ermittlung der zeitabhängigen Unbekannten $X_{1,tn}$ mittels Iteration. Zur Kenntlichmachung der Querschnittseinflüsse wurden für die beiden Felder die extrem voneinander abweichenden Verbundgurte 1 und 2 des Abschn. B verwendet.

Tabelle 12

Querschnitt 1	Querschnitt 2
$J_i = 818\,892\ \text{cm}^4$	$J_i' = 1\,233\,323\ \text{cm}^4$
$J_c/J_i = 1{,}221\,162$	$J_c/J_i' = 0{,}810\,818$
$J_c/J_{st} = 15{,}981\,845$	$J_c/J_{st}' = 2{,}931\,460$
${}^M\varkappa_{M,st} = +0{,}041\,084$	${}^M\varkappa_{M,st}' = +0{,}102\,954$
${}^S\varkappa_{M,st} = +0{,}010\,585\ \text{m}$	${}^S\varkappa_{M,st}' = +0{,}049\,076\ \text{m}$
$({}^M\varkappa_{M,st}) = +0{,}021\,764$	$({}^M\varkappa_{M,st}') = +0{,}055\,278$
$\nu_{0,1} = 0{,}778\,311$	$\nu_{1,2} = 0{,}833\,435$

$$J_c = 0{,}01\ \text{m}^4; \qquad \varphi_n = 2{,}0.$$

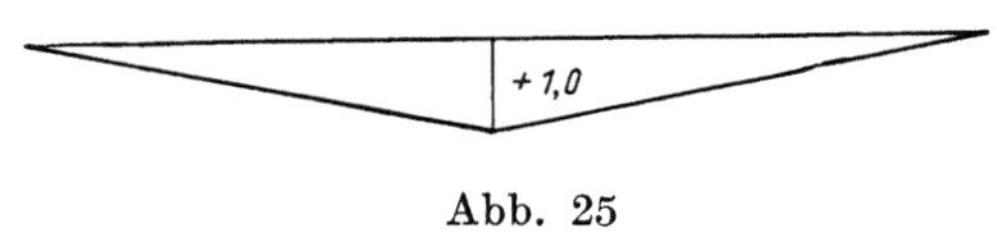

Abb. 25

a) Momentenbelastung. Für einen Momentenzustand nach Abb. 25 ergibt sich für das Feld $0-1$ bei Volleinspannung im Knoten 1 das mit dem ν-Faktor des Feldes $0-1$ reduzierte Starreinspannmoment wie folgt:

$$E_{st}J_c\,\delta_{1B,tn} = \frac{1}{3}\,1{,}0\cdot 1{,}0\cdot 15{,}981\,845\cdot 0{,}041\,084\cdot 10{,}0 = 2{,}188\,660$$

$$E_{st}J_c\,\delta_{11,t=0} = \frac{1}{3}\,1{,}0\cdot 1{,}0\cdot 1{,}221\,162\cdot 10{,}0 \qquad\quad = 4{,}070\,540$$

$$\overline{M}_{1,0,tn} = -\,\nu_{0,1}\,\frac{E_{st}J_c\,\delta_{1B,tn}}{E_{st}J_c\,\delta_{11,t=0}} = -\,0{,}418\,484\ \text{t m}.$$

In gleicher Weise in Feld 1—2:

$$E_{st} J_c \delta_{1B,tn} = \frac{1}{3} \, 1{,}0 \cdot 1{,}0 \cdot 2{,}931\,460 \cdot 0{,}101\,954 \cdot 10{,}0 = 0{,}996\,247$$

$$E_{st} J_c \delta_{11,t=0} = \frac{1}{3} \, 1{,}0 \cdot 1{,}0 \cdot 0{,}810\,818 \cdot 10{,}0 \qquad\quad = 2{,}702\,726$$

$$\overline{M}_{1,2,tn} = \nu_2 \, \frac{E_{st} J_c \delta_{1B,tn}}{E_{st} J_c \delta_{11,t=0}} = +\,0{,}307\,211\,\mathrm{t\,m}.$$

Nach dem Ausgleich der Einspannmomente erhält man:

$$\underline{{}^M X_{1,tn} = -0{,}374\,083\,\mathrm{t\,m}} \qquad 4{,}8\% \ \text{Fehler.}$$

Genauer Wert $\qquad\qquad -(0{,}356\,776\,\mathrm{t\,m})$

b) Schwind- oder Längskraftbelastung. Für $N_{\mathrm{sch}} = N_{b,0} = 1{,}0$ t bekommt man nach dem gleichen Rechnungsgang:

$$\underline{{}^S X_{1,tn} = -0{,}185\,705\,\mathrm{t\,m}} \qquad 2{,}6\% \ \text{Fehler.}$$

Genauer Wert: $\qquad\qquad (-0{,}180\,750\,\mathrm{t\,m})$

Bei Verbundgurten von Fachwerkträgern ist nur der Fall b) maßgebend und somit die Genauigkeit ausreichend.

D. Iteratives Momentenausgleichverfahren zur Berechnung von Durchlaufträger auf elastischen Stützen

Im vorliegenden Kapitel wird ein Berechnungsverfahren für Durchlaufträger mit elastischer Stützung aufgestellt, daß durch eine Erweiterung des Momentenausgleichverfahrens von Kani [10] gewonnen wurde. Es wurde der Grundgedanke des Verfahrens verwendet, da dieses sich in der Regel durch schnelle Konvergenz und weitgehende Fehlerunempfindlichkeit auszeichnet.

Für Durchlaufträger mit elastischen Stützen werden die entstehenden Stützenverschiebungen iterativ berechnet. Bei den Ableitungen wird von einem Durchlaufträger Abb. 26 ausgegangen, der feldweise veränderliches Trägheitsmoment, unterschiedliche Feldweiten und Stützen mit verschiedener Bettungszahl hat. Für Sonderfälle, z.B. konstantes Trägheitsmoment im gesamten Durchlaufträger, gleiche Stützweiten oder Stützen gleicher Bettungszahl, vereinfachen sich dann die Formeln.

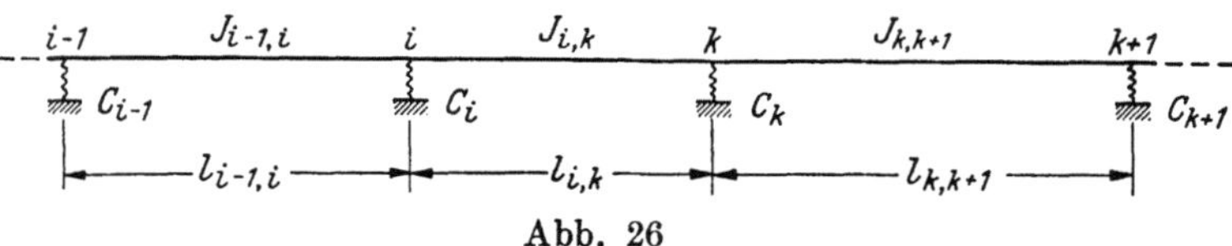

Abb. 26

1. Kennzeichnung der Bettungszahl der Stützen

Zwischen der Federkonstanten c [t/m], der Verschiebung w [m] und der Federkraft K [t] besteht folgende Beziehung:

$$c\,w = K. \tag{D.1.1}$$

Führt man $\overline{C} = \dfrac{1}{c}$ [m/t] die Bettungszahl der Feder ein, so ergibt sich die Verschiebung zu:

$$w = \frac{1}{c} K = \overline{C}\,K. \tag{D.1.2}$$

Mit der bezogenen Bettungszahl $C = E J_c \overline{C}$ [m³] erhält man schließlich:

$$E J_c w = C\,K. \tag{D.1.3), (D.1.4}$$

2. Momentenanteile eines Endmomentes und Vorzeichenregel

Das Endmoment am Knoten i und am Stabende i des Stabes $i-k$ lautet:

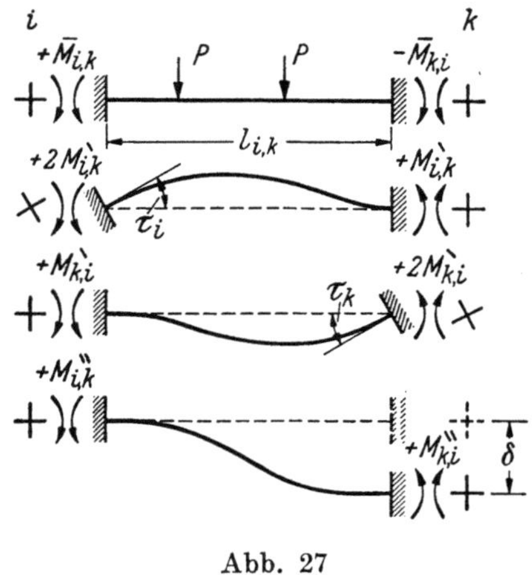

Abb. 27

$$M_{i,k} = \overline{M}_{i,k} + 2M'_{i,k} + M'_{k,i} + M''_{i,k}. \qquad (D.2.1)$$

$\overline{M}_{i,k}$ Moment für Starreinspannung aus äußerer Belastung.

$2M'_{i,k}$ Moment infolge Drehung des Knotens i um τ_i.

$M'_{k,i}$ Moment infolge Drehung des Knotens k um τ_k.

$M''_{i,k}$ Moment infolge gegenseitiger vertikaler Verschiebung der Knoten i und k um die Strecke δ.

Vorzeichenregel: Momente am Knoten im Uhrzeigersinn $\circlearrowright$ wirkend sind positiv!

Unbekannt sind vorerst die Momente aus den Knotendrehungen $M'_{i,k}$ bzw. $M'_{k,i}$ und aus den Knotenverschiebungen $M''_{i,k}$.

3. Iterationsformel zur Berechnung des Momentenanteiles $M'_{i,k}$ infolge einer Drehung des Knotens i um den Winkel τ_i

Nach [10] bzw. [11] erhält man folgende Formel:

$$M'_{i,k} = \mu_{i,k}[\overline{M}_i + M'_{k,i} + M'_{i-1,i} + M''_{i,k} + M''_{i-1,i}]; \qquad \overline{M}_i = \overline{M}_{i,k} + \overline{M}_{i,i-1} \qquad (D.3.1)$$

mit

$$\mu_{i,k} = -\frac{1}{2}\frac{m_{i,k}K_{i,k}}{m_{i,k}K_{i,k} + m_{i,i-1}K_{i,i-1}}; \qquad K_{i,k} = \frac{J_{i,k}}{l_{i,k}}; \qquad K_{i,i-1} = \frac{J_{i,i-1}}{l_{i,i-1}}, \qquad (D.3.2)$$

$m_{i,k} = 1{,}0$, wenn abbiegendes Stabende starr eingespannt.

$m_{i,k} = 0{,}75$, wenn abbiegendes Stabende gelenkig gelagert.

$m_{i,k} = 0{,}50$ bei symmetrischer Drehung zweier Nachbarpunkte.

$m_{i,k} = 1{,}50$ bei antimetrischer Drehung zweier Nachbarpunkte.

4. Iterationsformel zur Berechnung des Momentenanteiles $M''_{i,k}$ infolge einer gegenseitigen vertikalen Verschiebung um δ

a) Feld $i-k$ ist Zwischenfeld:

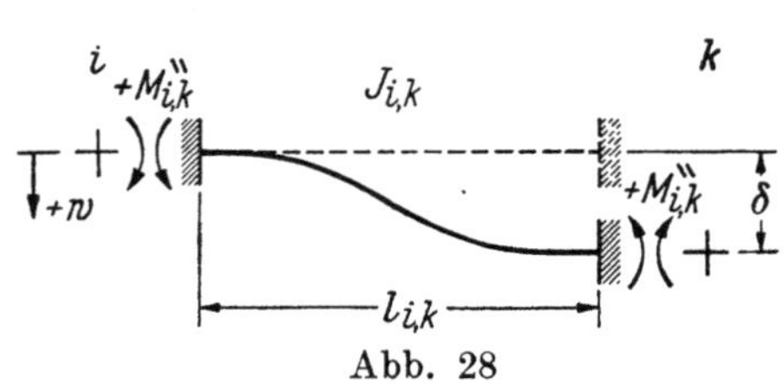

Abb. 28

$$M''_{i,k} = \frac{6EJ_{i,k}}{l^2_{i,k}}\delta = \frac{6EJ_c}{l^2_{i,k}\frac{J_c}{J_{i,k}}}\Delta w_{i,k}$$

$$= \frac{6}{l^2_{i,k}\frac{J_c}{J_{i,k}}}[EJ_c w_k - EJ_c w_i], \qquad (D.4.1)$$

nach Gl. (D.1.4) ist

$$EJ_c w_i = C_i A_i. \qquad (D.4.2)$$

Die elastischen Verschiebungen werden hervorgerufen durch die Auflagerdrücke an den Stützen. Der Auflagerdruck setzt sich zusammen aus dem Auflagerdruck A^0 infolge direkter Belastung am Balken auf zwei Stützen und den Auflagerdrücken der Stützmomente.

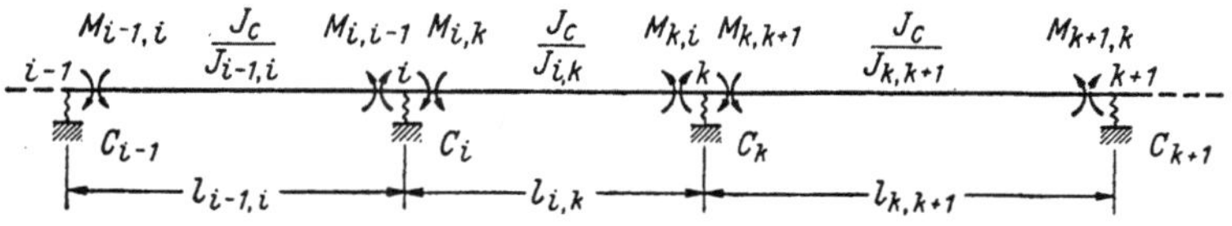

Abb. 29

Aus

$$M_{i,k}'' = \frac{6}{l_{i,k}^2\,\dfrac{J_c}{J_{i,k}}}\,[C_k A_k - C_i A_i] \tag{D.4.3}$$

mit

$$\left.\begin{aligned}
A_i &= A_i^0 - \frac{M_{i-1,i}}{l_{i-1,i}} - \frac{M_{i,i-1}}{l_{i-1,i}} + \frac{M_{i,k}}{l_{i,k}} + \frac{M_{k,i}}{l_{i,k}}\,, \\[2mm]
A_k &= A_k^0 - \frac{M_{i,k}}{l_{i,k}} - \frac{M_{k,i}}{l_{i,k}} + \frac{M_{k,k+1}}{l_{k,k+1}} + \frac{M_{k+1,k}}{l_{k,k+1}}
\end{aligned}\right\} \tag{D.4.4}$$

erhält man bei Berücksichtigung von Gl. (D. 2.1)

$$M_{i,k}'' = \frac{6}{l_{i,k}^2\,\dfrac{J_c}{J_{i,k}}}\left[-(C_i + C_k)\,\frac{\overline{M}_{i,k} + \overline{M}_{k,i} + 3(M_{i,k}' + M_{k,i}') + 2M_{i,k}''}{l_{i,k}} + C_k\!\left(A_k^0 + \frac{M_{k,k+1} + M_{k+1,k}}{l_{k,k+1}}\right) - \right.$$

$$\left. - C_i\!\left(A_i^0 - \frac{M_{i-1,i} + M_{i,i-1}}{l_{i-1,i}}\right)\right].$$

Löst man nach $M_{i,k}''$ auf, dann ergibt sich mit $C_c =$ Bezugsbettungszahl der Stützen und $l_c =$ Bezugsfeldweite der Ausdruck

$$M_{i,k}'' = \alpha_{i,k}\left[M_{\alpha i,k}'' + \frac{C_i}{C_c}\,\frac{l_c}{l_{i-1,i}}\,(3[M_{i-1,i}' + M_{i,i-1}'] + 2M_{i-1,i}'') + \right. \tag{D.4.6}$$

$$\left. + \frac{C_k}{C_c}\,\frac{l_c}{l_{k,k+1}}\,(3[M_{k,k+1}' + M_{k+1,k}'] + 2M_{k,k+1}'') - \left(\frac{C_i}{C_c} + \frac{C_k}{C_c}\right)\frac{l_c}{l_{i,k}}\,3[M_{i,k}' + M_{k,i}']\right]$$

mit dem Verschiebungsfaktor

$$\alpha_{i,k} = \frac{6C_c\,\dfrac{l_{i,k}}{l_c}}{l_{i,k}^3\,\dfrac{J_c}{J_{i,k}} + 12(C_i + C_k)} \quad [-] \tag{D.4.7}$$

und dem Feldverschiebungsmoment $M_{\alpha_{i,k}}''$, das sich aus der Belastung ergibt und unabhängig von Ausgleich ist.

$$M_{\alpha_{i,k}}'' = \frac{C_i}{C_c}\,\frac{l_c}{l_{i-1,i}}\,(A_i^0 l_{i-1,i} + \overline{M}_{i-1,i} + \overline{M}_{i,i-1}) + \frac{C_k}{C_c}\,\frac{l_c}{l_{k,k+1}}\,(A_k^0 l_{k,k+1} + \overline{M}_{k,k+1} + \overline{M}_{k+1,k}) - $$

$$- \left(\frac{C_i}{C_c} + \frac{C_k}{C_c}\right)\frac{l_c}{l_{i,k}}\,(\overline{M}_{i,k} + \overline{M}_{k,i}) \quad [\text{tm}]. \tag{D.4.8}$$

Das $M_{i,k}''$ läßt sich also iterativ berechnen aus einem Festwert $M_{\alpha_{i,k}}''$, aus den M', die durch Knotendrehungen entstanden sind, und aus den M'' der Nachbarfelder. Die Konvergenz des Verfahrens ist bei üblichen Stützenbettungszahlen sehr gut. Bei Lagerung auf extrem weichen Federn ist die Konvergenz schlecht. Die Berechnung erfolgt am besten an Hand des nachstehenden Rechenschemas.

b) Feld $i - k$ ist Zwischenfeld, aber das Nachbarfeld ein Endfeld. α) Nachbarfeld $i-1, i$ ist Endfeld und in $i - 1$ gelenkig gelagert.

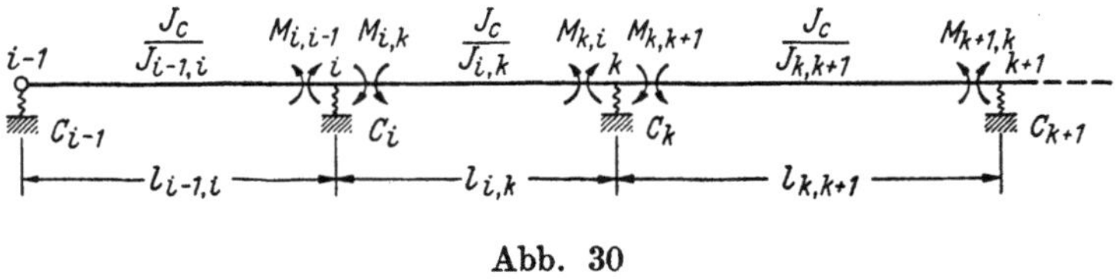

Abb. 30

Da $M_{i-1,i} = 0$ ist, vereinfachen sich die Formeln zu

$$M''_{\alpha_{i,k}} = \frac{C_i}{C_c}\frac{l_c}{l_{i-1,i}}(-A_i^0 l_{i-1,i} + \overline{M}_{i,i-1}) + \frac{C_k}{C_c}\frac{l_c}{l_{k,k+1}}(A_k^0 l_{k,k+1} + \overline{M}_{k,k+1}\,\overline{M}_{k+1,k}) -$$
$$-\left(\frac{C_i}{C_c} + \frac{C_k}{C_c}\right)\frac{l_c}{l_{i,k}}(\overline{M}_{i,k} + \overline{M}_{k,i}), \tag{D.4.9}$$

$$M''_{i,k} = \alpha_{i,k}\Bigg[M''_{\alpha_{i,k}} + \frac{C_i}{C_c}\frac{l_c}{l_{i-1,i}}(2M'_{i,i-1} + M''_{i-1,i}) +$$
$$+ \frac{C_k}{C_c}\frac{l_c}{l_{k,k+1}}(3[M'_{k,k+1} + M'_{k+1,k}] + 2M''_{k,k+1}) - \left(\frac{C_i}{C_c} + \frac{C_k}{C_c}\right)\frac{l_c}{l_{i,k}}3[M'_{i,k} + M'_{k\,i}]\Bigg]. \tag{D.4.10}$$

β) Nachbarfeld k, $k+1$ ist Endfeld und in $k+1$ gelenkig gelagert. In diesem Falle lauten die Formeln entsprechend:

$$M''_{\alpha_{i,k}} = \frac{C_i}{C_c}\frac{l_c}{l_{i-1,i}}(-A_i^0 l_{i-1,i} + \overline{M}_{i,i-1} + \overline{M}_{i-1,i}) + \frac{C_k}{C_c}\frac{l_c}{l_{k,k+1}}(A_k^0 l_{k,k+1} + \overline{M}_{k,k+1}) -$$
$$-\left(\frac{C_i}{C_c} + \frac{C_k}{C_c}\right)\frac{l_c}{l_{i,k}}(\overline{M}_{i,k} + \overline{M}_{k,i}), \tag{D.4.11}$$

$$M''_{i,k} = \alpha_{i,k}\Bigg[M''_{\alpha_{i,k}} + \frac{C_i}{C_c}\frac{l_c}{l_{i-1,i}}(3[M'_{i-1,i} + M'_{i,i-1}] + 2M''_{i-1,i}) +$$
$$+ \frac{C_k}{C_c}\frac{l_c}{l_{k,k+1}}(2M'_{k,k+1} + M''_{k,k+1}) - \left(\frac{C_i}{C_c} + \frac{C_k}{C_c}\right)\frac{l_c}{l_{i,k}}3[M'_{i,k} + M'_{k,i}]\Bigg]. \tag{D.4.12}$$

c) Feld $i - k$ ist Endfeld und einseitig gelenkig gelagert. α) Feld $i - k$ ist Endfeld und in i gelenkig gelagert. Die Formel für $M''_{i,k}$ ändert sich wie folgt gegenüber der Formel für ein Zwischenfeld:

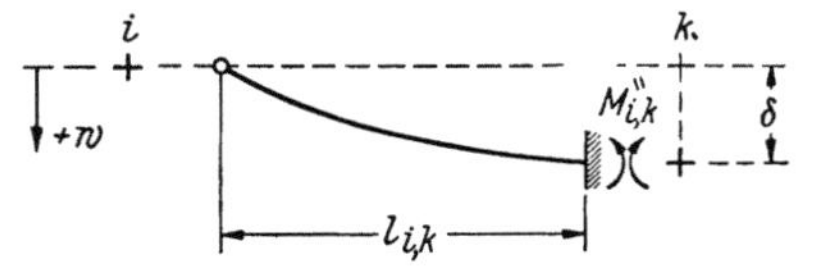

Abb. 31

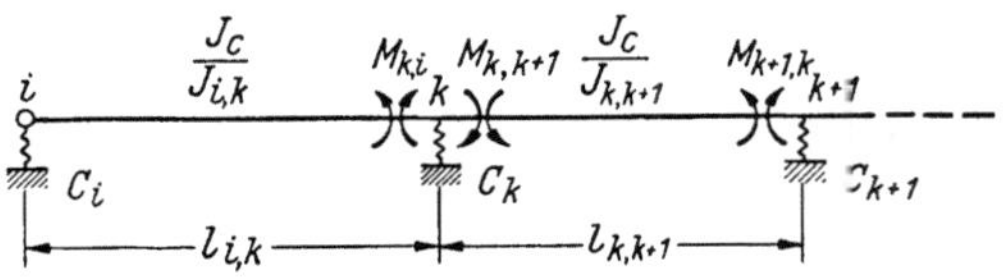

Abb. 32

$$M''_{i,k} = \frac{3EJ_{i,k}}{l_{i,k}^2}\delta = \frac{3}{l_{i,k}^2\,\frac{J_c}{J_{i,k}}}[C_k A_k - C_i A_i] \tag{D.4.13}$$

mit

$$\left.\begin{aligned} A_i &= A_i^0 + \frac{M_{k,i}}{l_{i,k}}, \\ A_k &= A_k^0 - \frac{M_{k,i}}{l_{i,k}} + \frac{M_{k,k+1}}{l_{k,k+1}} + \frac{M_{k+1,k}}{l_{k,k+1}} \end{aligned}\right\} \tag{D.4.14}$$

und

$$\beta_{i,k} = \frac{3C_c\,\dfrac{l_{i,k}}{l_c}}{l_{i,k}^3\,\dfrac{J_c}{J_{i,k}} + 3(C_i + C_k)} \tag{D.4.15}$$

erhält man:

$$M''_{\beta_{i,k}} = \frac{C_i}{C_c}\frac{l_c}{l_{i,k}}(-A_i^0 l_{i,k}) + \frac{C_k}{C_c}\frac{l_c}{l_{k,k+1}}(A_k^0 l_{k,k+1} + \overline{M}_{k+1,k} + \overline{M}_{k+1,k}) - \left(\frac{C_i}{C_c} + \frac{C_k}{C_c}\right)\frac{l_c}{l_{i,k}}\overline{M}_{k,i},$$
$$\tag{D.4.16}$$

$$M''_{i,k} = \beta_{i,k}\Bigg[M''_{\beta_{i,k}} + \frac{C_k}{C_c}\frac{l_c}{l_{k,k+1}}(3[M'_{k,k+1} + M'_{k+1,k}] + 2M''_{k,k+1}) - \left(\frac{C_i}{C_c} + \frac{C_k}{C_c}\right)\frac{l_c}{l_{i,k}}2M_{k,i}\Bigg]. \tag{D.4.17}$$

β) **Feld $i - k$ ist Endfeld und in k gelenkig gelagert.**

$$M''_{\beta_{i,k}} = \frac{C_i}{C_c}\frac{l_c}{l_{i-1,i}}(-A_i^0 l_{i-1,i} + \overline{M}_{i-1,i} + \overline{M}_{i,i-1}) + \frac{C_k}{C_c}\frac{l_c}{l_{i,k}}(A_k^0 l_{ik}) - \left(\frac{C_i}{C_c} + \frac{C_k}{C_c}\right)\frac{l_c}{l_{i,k}}\overline{M}_{i,k}.$$
(D. 4.18)

$$M''_{i,k} = \beta_{i,k}\left[M''_{\beta_{i,k}} + \frac{C_i}{C_c}\frac{l_c}{l_{i-1,i}}(3[M'_{i-1,i} + M'_{i,i-1}] + 2M''_{i-1,i}) - \left(\frac{C_i}{C_c} + \frac{C_k}{C_c}\right)\frac{l_c}{l_{i,k}}2M'_{i,k}\right].$$
(D. 1.19)

d) Vereinfachungen, wenn einzelne Systemgrößen konstant sind. Bei konstanten Feldweiten gilt

$$l_{i-1,i} = l_{i,k} = l_{k,k+1} = l_c; \qquad \frac{l_c}{l_{i-1,i}} = \frac{l_c}{l_{i,k}} = \frac{l_c}{l_{k,k+1}} = 1.$$
(D. 4.20)

Bei konstantem Trägheitsmoment gilt

$$J_{i-1,i} = J_{i,k} = J_{k,k+1} = J_c; \qquad \frac{J_c}{J_{i-1,i}} = \frac{J_c}{J_{i,k}} = \frac{J_c}{k,k+1} = 1.$$
(D. 4.21)

Bei gleicher Bettungszahl der Stützen gilt

$$C_{i-1} = C_{i,k} = C_k = C_c; \qquad \frac{C_{i-1}}{C_c} = \frac{C_i}{C_c} = \frac{C_k}{C_c} = 1.$$
(D. 4.22)

Bei starrer Stütze

$$C_i = 0.$$

Die Formeln vereinfachen sich dann entsprechend.

Bei konstanter Feldweite, konstantem Trägheitsmoment und konstanter Stützenbettungszahl geht z. B. Gl. (D. 4.6) über in

$$\alpha_{i,k} = \frac{6C}{l^3 + 24C}.$$

$$M''_{\alpha_{i,k}} = [(A_k^0 - A_i^0)l + \overline{M}_{i-1,i} + \overline{M}_{i,i-1} - 2(\overline{M}_{i,k} + \overline{M}_{k,i}) + \overline{M}_{k,k+1} + \overline{M}_{k+1,k}],$$

$$M''_{i,k} = \alpha_{i,k}[M''_{\alpha_{i,k}} + 3(M'_{i-1,i} + M'_{i,i-1}) + 2M''_{i-1,i} + 3(M'_{k,k+1} + M'_{k+1,k}) + 2M''_{k,k+1} -$$
$$- 6(M'_{i,k} + M'_{k,i})].$$

e) Rechenschema für Momentenausgleich

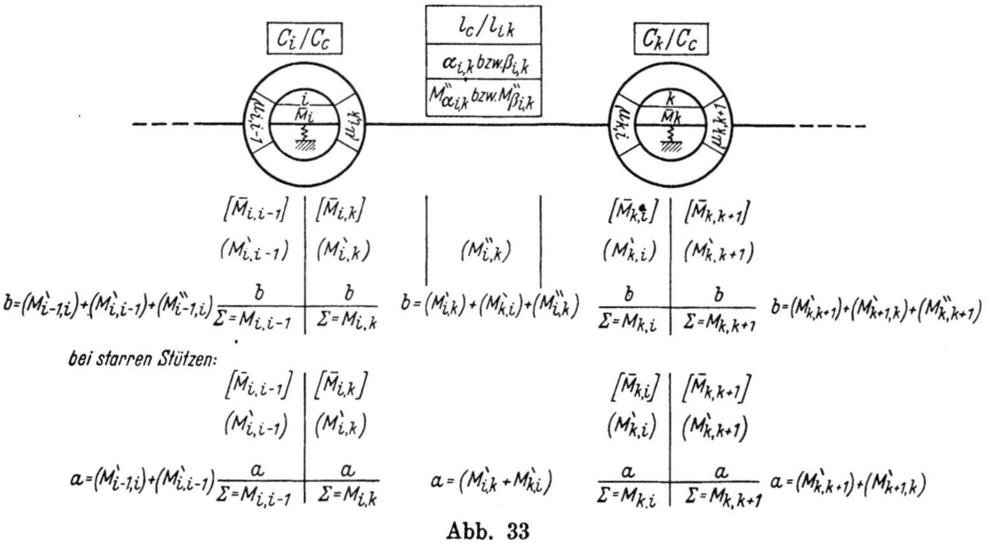

Abb. 33

5. Berechnung von Einflußlinien

Wanderlast $P = 1,0$ t

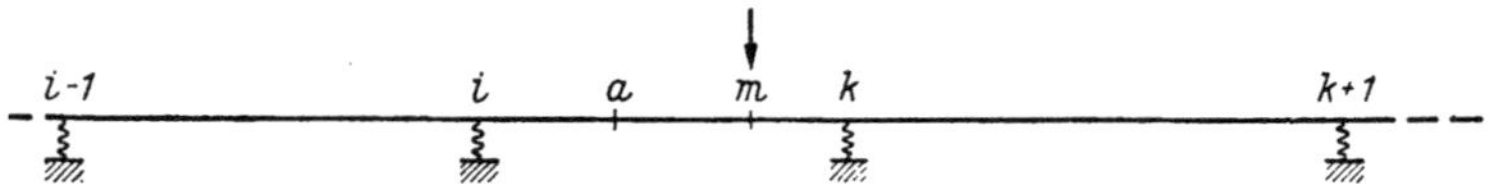

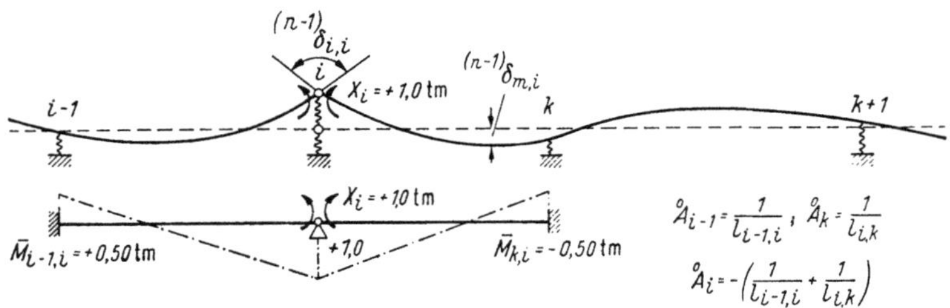

Abb. 34

Die Einflußlinie für ein Moment an der Stelle a läßt sich folgendermaßen aufschreiben:

$$M_{a,m} = {}^0M_{a,m} + X_{i,m} M_a^{X_i=1} + X_{k,m} M_a^{X_k=1}.$$ (D.5.1)

${}^0M_{a,m}$ ist die statisch bestimmte Einflußlinie eines Balkens auf zwei Stützen.
Die Einflußlinien der Stützmomente können wie folgt gewonnen werden: Wenn man X_i am $(n-1)$-fach statisch unbestimmten System berechnet, so gilt in bekannter Weise:

$$X_{i,m} = -\frac{{}^{(n-1)}\delta_{i,m}}{{}^{(n-1)}\delta_{i,i}} = -\frac{{}^{(n-1)}\delta_{m,i}}{{}^{(n-1)}\delta_{i,i}} = -\frac{w_{m,i}}{\varphi_i} = \eta_{m,i},$$ (D.5.2)

$$^{(n-1)}\delta_{i,m} = {}^{(n-1)}\delta_{m,i} \qquad \text{nach MAXWELL.}$$

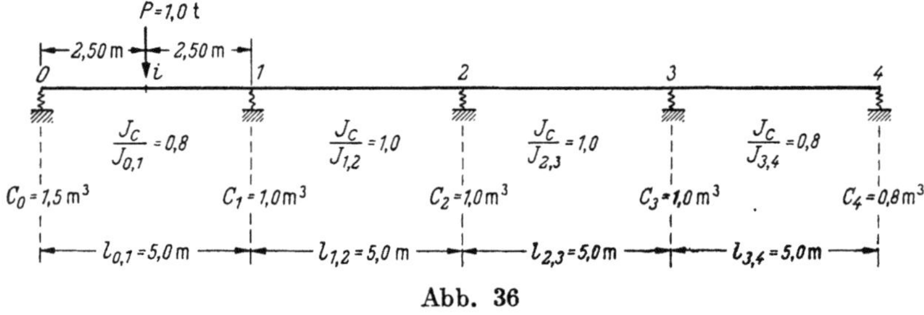

Abb. 35

$w_{m,i} = {}^{(n-1)}\delta_{m,i} =$ Biegelinie des $(n-1)$-fach statisch unbestimmten Systems infolge $X_i = 1,0$ tm.

$\varphi_i = {}^{(n-1)}\delta_{i,i} =$ Drehsprung an der Stelle i infolge $X_i = 1,0$ tm.

Zur Berechnung der Einflußlinie eines Stützmomentes X_i bei elastisch nachgebenden Stützen wird also an der Stütze i das Moment $X_i = 1,0$ tm als Belastung aufgebracht. Hierzu werden die Starreinspannmomente an den Nachbarknotenpunkten ermittelt nach Abb. 35. Weiter werden die Verschiebungsmomente M_α'' bzw. M_β'' berechnet. Diese Momente werden dann nach oben beschriebenem Verfahren ausgeglichen. Aus diesen Endmomenten läßt sich die Biegelinie unter Berücksichtigung der elastischen Stützenverschiebungen ermitteln. Die Ordinaten der Einflußlinie erhält man, indem die Ordinaten der Biegelinie mit $-\dfrac{1}{\varphi_i}$ multipliziert werden.

Beispiel. Durchlaufträger über 4 Felder gleicher Feldweite mit feldweise veränderlichem Trägheitsmoment auf elastischen Stützen mit unterschiedlicher Bettungszahl.

Abb. 36

Die Verhältnisse der Trägheitsmomente und der Stützenbettungszahlen entsprechen etwa einem auf den Querträgern gelagerten Längsträgerstrang einer zweigleisigen Eisenbahnbrücke für den Lastenzug S der D.B.B.

Festwerte für den Momentenausgleich

Steifigkeiten:

$$m_{i,k}\,K_{i,k} = m_{i,k}\,\frac{J_c}{l_{i,k}\dfrac{J_c}{J_{i,k}}}\,, \tag{D.3.2}$$

$$m_{1,0}\,K_{1,0} = 0{,}75\,\frac{1}{0{,}80}\,\frac{J_c}{l} = 0{,}9375\,\frac{J_c}{l}\,;\qquad m_{1,2}\,K_{1,2} = 1{,}00\,\frac{1}{1{,}00}\,\frac{J_c}{l} = 1{,}00\,\frac{J_c}{l}\,,$$

$$m_{2,3}\,K_{2,3} = 1{,}00\,\frac{1}{1{,}00}\,\frac{J_c}{l} = 1{,}00\,\frac{J_c}{l}\,;\qquad m_{3,4}\,K_{3,4} = 0{,}75\,\frac{1}{0{,}80}\,\frac{J_c}{l} = 0{,}9375\,\frac{J_c}{l}\,.$$

Verteilungszahlen:

$$\mu_{i,k} = -\frac{1}{2}\,\frac{m_{i,k}\,K_{i,k}}{\sum m_{i,k}\,K_{i,k}}\,. \tag{D.3.1}$$

$$\mu_{1,0} = -0{,}5\,\frac{0{,}9375}{1{,}0 + 0{,}9375} = -0{,}241\,935\,;\qquad \mu_{1,2} = -0{,}5\,\frac{1{,}0}{1{,}0 + 0{,}93\,5} = -0{,}258\,065\,,$$

$$\mu_{2,1} = \mu_{2,3} = -0{,}250\,000\,;\qquad \mu_{3,2} = \mu_{1,2}\,;\qquad \mu_{3,4} = \mu_{1,0}\,.$$

Verschiebungsfaktoren:

$$\beta_{i,k} = \frac{3\,C_c\,\dfrac{l_{i,k}}{l_c}}{l_{i,k}^{3}\,\dfrac{J_c}{J_{i,k}} + 3(C_i + C_k)}\qquad\qquad C_c = 1{,}0\,, \tag{D.4.15}$$

$$\beta_{0,1} = \frac{3\cdot 1{,}0\cdot 1{,}0}{5{,}0^{3}\cdot 0{,}8 + 3(1{,}5 + 1{,}0)} = 0{,}027\,907\,;\qquad \beta_{3,4} = 0{,}028\,463\,,$$

$$\alpha_{i,k} = \frac{6\,C_c\,\dfrac{l_{i,k}}{l_c}}{l_{i,k}^{3}\,\dfrac{J_c}{J_{i,k}} + 12(C_i + C_k)}\,;\qquad \alpha_{1,2} = \frac{6\cdot 1{,}0\cdot 1{,}0}{5{,}0^{3}\cdot 1{,}0 + 12(1{,}0 + 1{,}0)} = 0{,}040\,268 = \alpha_{2,3}\,. \tag{D.4.7}$$

Starreinspannmomente:

$$\overline{M}_{1,0} = -0{,}9375\,\text{tm}$$

für den einseitig eingespannten Träger des Feldes $0-1$, alle anderen Starreinspannmomente sind Null.

Feldverschiebungsmomente:

Feld $0-1$: Nach Gl. (D. 4.17) ist:

$$M''_{\beta_{i,k}} = \frac{C_i}{C_c}\left(-{}^{0}A_i\,l\right) + \frac{C_k}{C_c}\left({}^{0}A_k\,l + \overline{M}_{k,k+1} + \overline{M}_{k+1,k}\right) - \left(\frac{C_i}{C_c} + \frac{C_k}{C_c}\right)\overline{M}_{k,i}\,,$$

$$M''_{\beta_{1,0}} = \frac{1{,}5}{1{,}0}\left(-0{,}5\cdot 5{,}0\right) + \frac{1{,}0}{1{,}0}\left(0{,}5\cdot 5{,}0\right) - \left(\frac{1{,}5}{1{,}0} + \frac{1{,}0}{1{,}0}\right)\left(-0{,}9375\right) = +1{,}093\,730\,\text{tm}\,.$$

Feld $1-2$: Nach Gl. (D. 4.10) ist:

$$M''_{\alpha_{i,k}} = \frac{C_i}{C_c}\left(-{}^{0}A_i\,l + M_{i,i-1}\right) + \frac{C_k}{C_c}\left({}^{0}A_k\,l + \overline{M}_{k,k+1} + \overline{M}_{k+1,k}\right) - \left(\frac{C_i}{C_c} + \frac{C_k}{C_c}\right)\left(\overline{M}_{i,k} + \overline{M}_{k,i}\right)$$

$$= -3{,}437\,500\,\text{tm}\,,$$

$$M''_{\alpha_{1,2}} = \frac{1{,}0}{1{,}0}\left(-0{,}5\cdot 5{,}0 - 0{,}9375\right) + 0\,,$$

$$M''_{\alpha_{3,3}} = M''_{\beta_{2,3}} = 0\,.$$

Momentenausgleich

Es wurden zunächst 3 Drehungsausgleiche (D_1, D_2, D_3) vorgenommen, um das Einspannmoment über den Träger zu verteilen. Mit diesen Ausgleichungen wird die ungefähre Verteilung bei starren Stützen erreicht. Dann wurden 3 Verschiebungsausgleiche (V) mit den zugehörigen Drehausgleichen (D) angeschlossen. Mit diesen 6 Ausgleichen sind die wirklichen Endmomente praktisch erreicht. Die Konvergenz ist aus untenstehenden Zwischenergebnissen für die Endmomente zu ersehen.

Tabelle 13

Endmomente	$M_{1,0}$	$M_{1,2}$	$M_{2,1}$	$M_{2,3}$	$M_{3,2}$	$M_{3,4}$
nach D_3	−0,450828	+0,449822	+0,120967	−0,120709	−0,033530	+0,033530
genau auf starren Stützen .	−0,450268	+0,450268	+0,120967	−0,120967	−0,033602	+0,033602
nach $(V+D)_1$	−0,361390	+0,387937	+0,045943	−0,056147	−0,007069	+0,007069
nach $(V+D)_2$	−0,374190	+0,379369	+0,043111	−0,045794	−0,004579	+0,004579
nach $(V+D)_3$	−0,376509	+0,377676	+0,043804	−0,044133	−0,004414	+0,004413
genau auf elast. Stützen . .	−0,377115	+0,377115	+0,043921	−0,043921	−0,004483	+0,004483

$D_3 =$ dritter Drehungsausgleich.

$V + D)_3 =$ dritter Verschiebungs- und Drehungsausgleich.

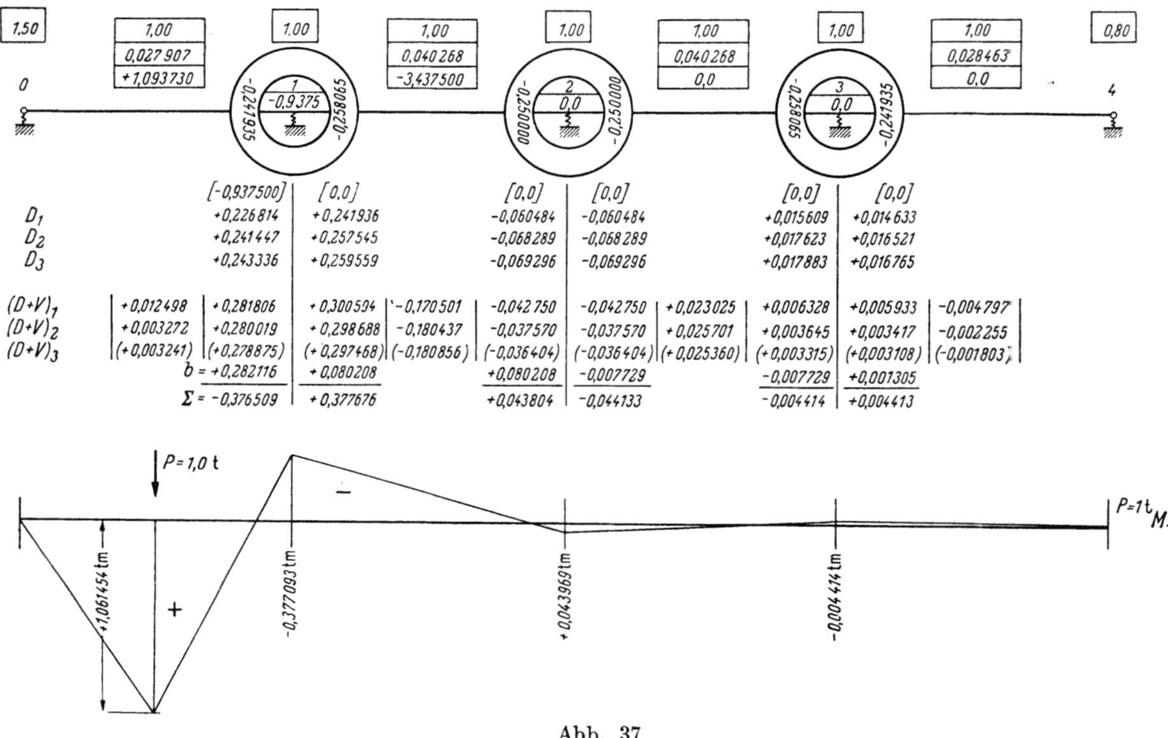

Abb. 37

Als Beispiel für die Berechnung von Einflußlinien wird für den oben berechneten Durchlaufträger die Ordinate der Einflußlinie des Stützmomentes X_1 an der Stelle i, an der $P = 1{,}0$ t angreift, berechnet. Am $(n-1)$-fach statisch unbestimmten System wird $X_1 = 1{,}0$ tm als Belastung aufgebracht.

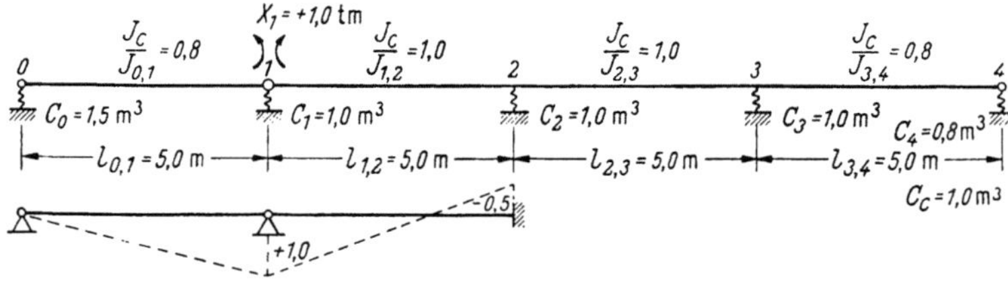

Abb. 38

Die Knotenpunkte sind zunächst gegen Drehung und Verschiebung gefesselt. Für diesen Zustand ergibt sich am Knoten *2* das Starreinspannmoment

$$\overline{M}_{2,1} = -0,5 \, \text{tm}.$$

Am Gelenksystem ergeben sich ferner infolge des Belastungsmomentes $X_1 = 1,0$ tm folgende Auflagerdrücke ${}^0A_i$:

$$^0A_0 = + \frac{1}{l_{0,1}} = + \frac{1}{5,0} = + 0,20 \, \text{t};$$

$$^0A_1 = - \left(\frac{1}{l_{0,1}} + \frac{1}{l_{1,2}} \right) = - \left(\frac{1}{5,0} + \frac{1}{5,0} \right) = -0,40 \, \text{t}; \qquad {}^0A_2 = \frac{1}{l_{1,2}} = \frac{1}{5,0} = + 0,20 \, \text{t}.$$

Mit diesen Werten erhält man die Feldverschiebungsmomente:

Feld *1—2*:
$$M''_{\alpha_{1,2}} = \frac{C_1}{C_c}(-{}^0A_1 \, l_{1,2}) + \frac{C_2}{C_c}({}^0A_2 \, l_{2,3}) - \left(\frac{C_1}{C_c} + \frac{C_2}{C_c} \right) \overline{M}_{2,1}, \qquad \text{nach (D.4.17)}$$

$$M'_{\beta_{1,2}} = 1,0(+0,40 \cdot 5,0) + 1,0(0,2 \cdot 5,0) - (1,0 + 1,0) \cdot (-0,50) = +4,0 \, \text{tm},$$

Feld *2—3*:
$$M''_{\alpha_{2,3}} = \frac{C_2}{C_c}(-{}^0A_2 \, l_{1,2} + \overline{M}_{2,1}) = 1,0(-0,20 \cdot 5,0 - 0,50) = -1,5 \, \text{tm}. \quad \text{nach (D.4.9)}$$

Der Momentenausgleich erfolgt ähnlich wie vorn. Nach dem 3. Drehungs- und Verschiebungsausgleich ergeben sich an den Stützen *2* und *3* folgende Stützmomente:

$$X_2 = -0,193\,692 \, \text{tm}; \qquad X_3 = +0,027\,946 \, \text{tm}.$$

Mit dieser Momentenverteilung läßt sich die Ordinate der Einflußlinie wie folgt bestimmen. Verschiebungen der Stützen:

$$E J_c w_i = C_i A_i.$$

$$E J_c w_0 = C_0 A_0 = C_0 \, {}^0A_0 = 1,5 \cdot 0,20 = +0,300\,000 \, \text{tm}^3,$$

$$E J_c w_1 = C_1 A_1 = C_1 \left({}^0A_1 + \frac{X_2}{l_{1,2}} \right) = 1,0 \left(-0,40 - \frac{0,193\,692}{5,0} \right) = -0,438\,738 \, \text{tm}^3,$$

$$E J_c w_2 = C_2 A_2 = C_2 \left({}^0A_2 - \frac{X_2}{l_{1,2}} - \frac{X_2}{l_{2,3}} + \frac{X_3}{l_{2,3}} \right)$$

$$= 1,0 \left(+0,20 + \frac{2 \cdot 0,193\,692}{5,0} + \frac{0,027\,946}{5,0} \right) = +0,283\,066 \, \text{tm}^3$$

Durchbiegungsordinate des Punktes i:

$$E J_c \omega_i = \frac{J_c}{J_{0,1}} X_1 \frac{l_{0,1}^2}{6} \omega'_D + \frac{E J_c w_1 + E J_c w_0}{2} \qquad (\omega'_D = 0,3750 \; \text{Hütte}).$$

$$= 0,8 \cdot 1,0 \frac{5,0^2}{6} 0,3750 + \frac{-0,438\,738 + 0,300\,000}{2} = +1,180\,631 \, \text{tm}^3.$$

Drehsprung an der Stütze *1* infolge $X_1 = 1,0$ tm am $(n-1)$-fach statisch unbestimmtem System:

$$E J_c \varphi_1 = {}^{x_1}E J \, \varphi_1 + {}^{x_2}E J_c \varphi_1 + \frac{E J_c w_0 - E J_c w_1}{l_{0,1}} + \frac{E J_c w_2 - E J_c w_1}{l_{12}},$$

$$E J_c \varphi_1 = 1,0 \frac{1}{3} 5,0(0,8 + 1,0) - 0,193\,692 \frac{1}{6} 5,0 \cdot 1,0 + \frac{0,300\,000 + 2 \cdot 0,438\,738 + 0,283\,066}{5,0}$$

$$= 3,130\,698 \, \text{tm}^2.$$

Damit erhält man

$$\eta_i = - \frac{E J_c w_i}{E J_c \varphi_1} = - \frac{1,180\,631}{3,130\,698} = -0,377\,114 \, \text{m}.$$

Aus der genauen Rechnung ergab sich das Stützmoment X_1 bei der Belastung $P = 1,0$ t im Punkte i zu $X_1 = -0,377\,115$ tm.

E. Berechnung von äußerlich statisch bestimmt gelagerten Fachwerkträgern mit unmittelbar belasteten Verbundträgergurten

Allgemeines

Gleichzeitig mit der Einführung der Vollwandverbundträger in den Brücken- und Hochbau kam die Frage nach der Berechnung und Ausführung von fachwerkartigen Verbundträgern. Es sind hier die Arbeiten von Fritz [14], Steinhardt [15], Hampe [16] und Sattler [17] zu erwähnen. Weiter sei die Veröffentlichung von Starke [18] über die Ausführung einer Verbundbrücke mit untenliegender Fahrbahn vermerkt. In den vorliegenden Arbeiten ist schon darauf hingewiesen, daß nur durch eine bewußte Koppelung der Betonfahrbahnplatte mit dem eigentlichen Fachwerkträger die Mitwirkung der Fahrbahnplatte im Gesamttragsystem erfaßt werden kann. Es ergibt sich dann auch der Vorteil, den Stahlgurt in der Ebene der Fahrbahnplatte zu reduzieren oder diesen ganz einzusparen.

Vergleicht man die Ausführung von Fachwerkträgern mit Betongurten und mit Verbundgurten, so ergeben sich für den Verbundgurt folgende Vorteile.

Die Tragfähigkeit ist bei geringem Gewicht um ein Vielfaches größer, die Ausbildung breiter Fahrbahnplatten ist im Verein mit Querträgern, die ebenfalls mit der Betonplatte in Verbund gebracht werden, möglich, der Anschluß der Stahlfachwerkstäbe kann in üblicher Weise an den Verbundgurt erfolgen, und ferner ergeben sich Erleichterungen bei der Montage und beim Aufstellen der Rüstung zum Betonieren der Fahrbahnplatte.

Durch Vorspannen der Betonfahrbahnplatte ist die Ausführung von statisch bestimmten Fachwerkträgern mit untenliegender Fahrbahn, sowie von durchlaufenden Fachwerkträgern über mehrere Felder möglich. Bei dem Nachweis der Fließsicherheit solcher Systeme zeigt sich auch die Überlegenheit der Verbundträgergurte. Bei den anschließenden Untersuchungen wurden vornehmlich Fachwerkträger mit Verbundgurten behandelt, jedoch läßt sich das Berechnungsverfahren unmittelbar auf Betongurte übertragen, wenn die schlaffe Bewehrung und die Vorspannbewehrung der Betongurte als Stahlquerschnitt berücksichtigt werden.

Diese Systeme können unter Verwendung der in den vorstehenden Kapiteln entwickelten Berechnungsverfahren einfach und schnell berechnet werden.

1. Wahl des statisch bestimmten Grundsystems

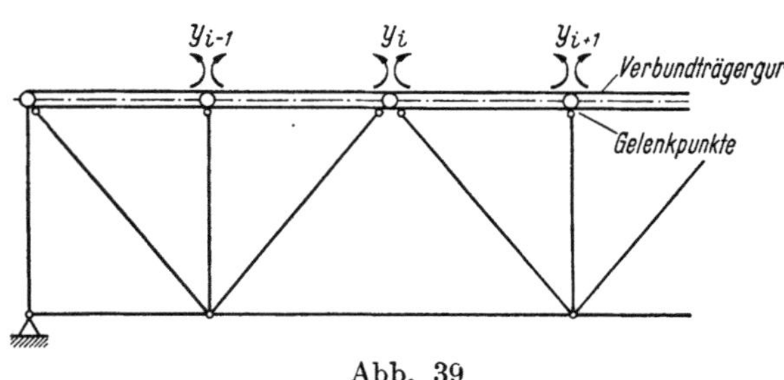

Abb. 39

Die übliche Voraussetzung gelenkiger Knotenpunktsanschlüsse der Fachwerkstäbe gilt hier nicht mehr für den unmittelbar belasteten biegesteif durchlaufenden Verbundgurt. Es werden die Stützmomente Y_i als statisch unbestimmte Größen eingeführt, damit ergibt sich das statisch bestimmte Grundsystem nach Abb. 39.

Für die nur aus Stahl bestehenden Fachwerkstäbe treten Nebenspannungsmomente und Zusatzmomente aus der direkten Belastung des Verbundgurtes auf, die im Abschn. 7 behandelt werden.

2. Mitwirkende Plattenbreite für den Verbundgurt

Der Verbundgurt wird durch die Stabkräfte des Fachwerkes und durch Momente aus der direkten Belastung beansprucht. Für diese zweifache Beanspruchung ergibt sich eine jeweils verschiedene Mitwirkung der Betonfahrbahnplatte.

a) Mitwirkende Plattenbreite für die Gurtstabkräfte. Für die Gurtkräfte in der Betonplatte kann der gesamte Fachwerkträger als Balken aufgefaßt werden, bei dem die Schubkräfte nur in den Knotenpunkten eingeleitet werden. Die mitwirkende Plattenbreite $^{N}b_m$ kann nach der DIN 1078 aus dem Verhältnis der Breite b der vorhandenen Betonplatte zu der Stützweite L des Fachwerkträgers bestimmt werden. Der Querschnitt F_i mit der Plattenbreite $^{N}b_m$ nach Abb. 40 ist also für die Stabkräfte anzusetzen, die sich aus dem äußeren Moment am Gesamtfachwerkträger ergeben. Er ist ebenfalls für das Kriechen dieser Stabkräfte und das Schwinden der Betonplatte zugrunde zu legen.

b) Mitwirkende Plattenbreite für die Gurtmomente. Wie schon oben gesagt, wirken die Gurte für die direkte Belastung als Durchlaufträger. Die Stützweite λ ist hierbei durch die Knotenpunktsabstände gegeben. Es ergibt sich eine Momentenfläche mit wechselnden Vorzeichen (s. Beispiel 1, S. 52). Die mitwirkende Plattenbreite $^{M}b_m$ kann sinngemäß nach DIN 1078 eingeführt werden, da hier die Knotenpunkte in lotrechter Richtung als Stützen des Durchlaufträgers aufgefaßt werden können, so daß für die mitwirkende Plattenbreite die Knotenpunktsentfernung λ zugrunde gelegt werden kann. In Abb. 40 ist dargestellt, daß $^{M}b_m$ wesentlich kleiner ist als $^{N}b_m$. Die mitwirkende Plattenbreite $^{M}b_m$ gilt für alle Momentenzustände aus der unmittelbaren Belastung des Verbundgurtes und für die örtlichen Gurtlängskräfte aus den Knotenpunktsmomenten Y_i. An diesem Querschnitt ist auch das Kriechen dieser Belastungszustände zu erfassen.

Die etwas grobe Bestimmung der mitwirkenden Plattenbreite ist insofern berechtigt, da Vergleichsberechnungen gezeigt haben, daß selbst bei großer Variation der mitwirkenden Plattenbreite die Endergebnisse sich wenig ändern. Für die weitere Untersuchung wird angenommen, daß die Schwerlinie $\mathfrak{S}_i$ in die Systemlinie $S. L.$ (Netzlinie) des Fachwerkgurtes gelegt wird.

Querschnitt für Gurtlängskraft

α) Normale Betonplatte mit:

$\quad F_i;\ F_{st};\ J_i;\ J_{st};\ \varkappa;\ (\varkappa);\ a$ usw.

β) Vorgespannte Betonplatte mit:

$\quad F_i';\ F_{st}';\ J_i';\ J_{st}';\ \varkappa';\ (\varkappa');\ a'$ usw.

Querschnitt für Gurtmomente

α) Normale Betonplatte mit:

$\quad \bar{F}_i;\ \bar{F}_{st};\ \bar{J}_i;\ \bar{J}_{st};\ \bar{\varkappa};\ (\bar{\varkappa});\ \bar{a}$ usw.

β) Vorgespannte Betonplatte mit:

$\quad \bar{F}_i';\ \bar{F}_{st}';\ \bar{J}_i';\ \bar{J}_{st}';\ \bar{\varkappa}';\ (\bar{\varkappa}');\ \bar{a}'$ usw.

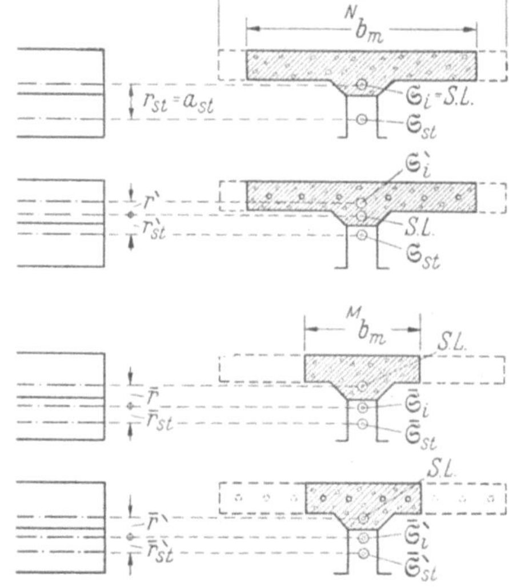

Abb. 40

3. Verformungen des Verbundgurtes für das statisch bestimmte Grundsystem.
(Gedachte Gelenke in den Knotenpunkten)

Entsprechend Abschn. E. 2 wird die Schwerlinie $\mathfrak{S}_i$ in die Netzlinie des Fachwerkträgers gelegt.

a) Verformungen zur Zeit $t = 0$. α) Wirkung von Längskräften (Stabkräfte im Verbundgurt). Unter der getroffenen Annahme, daß die Wirkungslinie der Stabkräfte und die Schwerlinie $(\mathfrak{S}_i)$ zusammenfallen, ergeben sich aus dieser Belastung vor dem Vorspannen und aus der Vorspannung selbst die Längenänderungen nach Abb. 41.

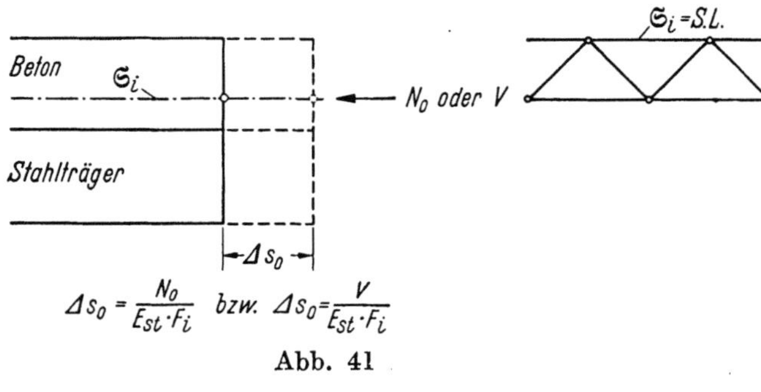

$$\Delta s_0 = \frac{N_0}{E_{st} \cdot F_i} \quad bzw. \quad \Delta s_0 = \frac{V}{E_{st} \cdot F_i}$$

Abb. 41

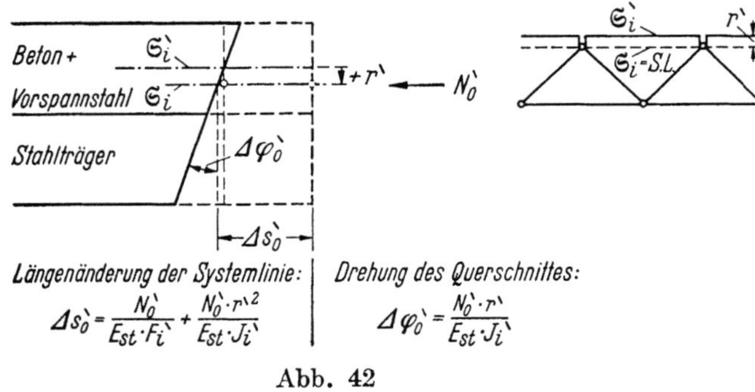

Längenänderung der Systemlinie:

$$\Delta s_0' = \frac{N_0'}{E_{st} \cdot F_i} + \frac{N_0' \cdot r'^2}{E_{st} \cdot J_i}$$

Drehung des Querschnittes:

$$\Delta \varphi_0' = \frac{N_0' \cdot r'}{E_{st} \cdot J_i}$$

Abb. 42

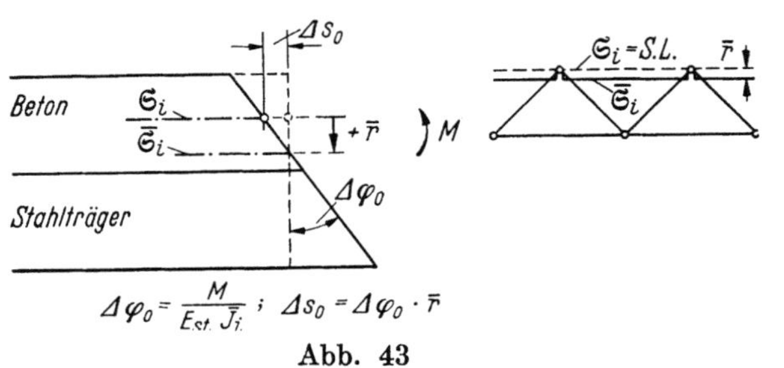

$$\Delta \varphi_0 = \frac{M}{E_{st} \cdot J_i} \; ; \; \Delta s_0 = \Delta \varphi_0 \cdot \bar{r}$$

Abb. 43

Nach dem Auspressen der Vorspannstähle ergibt sich der Schwerpunkt $\mathfrak{S}_i'$, wobei die Gelenke des statisch bestimmten Grundsystems in $\mathfrak{S}_i$ liegenbleiben. Bei neu auftretenden Stabkräften N_0' (z. B. ^pN aus Verkehr) entstehen zusätzlich in den Verbundgurten des statisch bestimmten Grundsystems Momente $M_0' = |N_0' r'|$. Damit ergeben sich die Verformungen nach Abb. 42.

Die Verformungen aus den durch die Verschiebung der Schwerlinie um r' entstehenden Momentenanteilen können mit Rücksicht auf den geringen r'-Wert in der Regel vernachlässigt werden. Sie werden bei den nachfolgenden Entwicklungen nicht berücksichtigt.

β) Wirkung von Momenten (im Verbundgurt). Der Teilquerschnitt mit der mitwirkenden Plattenbreite ^Mb_m dreht sich um den Schwerpunkt $\overline{\mathfrak{S}}_i$ und ruft Verformungen nach Abb. 43 hervor.

Bei Querschnitten mit Vorspannung sind die $'$-Werte nach b, β S. 41 einzusetzen. Es kann wieder Δs_0 bzw. $\Delta s_0'$ in der Regel vernachlässigt werden.

b) Verformungen durch Kriechen aus den Gurtlängskräften und Schwinden der Betonplatte ($t = t_n$). Unter Zugrundelegung von ^Nb_m entstehen mit $N_{b,0}$ und N_{sch} für den Querschnitt F_i bzw. F_i' die Umlagerungsgrößen $N_{st,t}$ bzw. $N_{st,t}'$ und $M_{st,t}$ bzw. $M_{st,t}'$. In $\mathfrak{S}_i$ erhält man nach Abbildung 44 eine Längung und Drehung des Querschnittes:

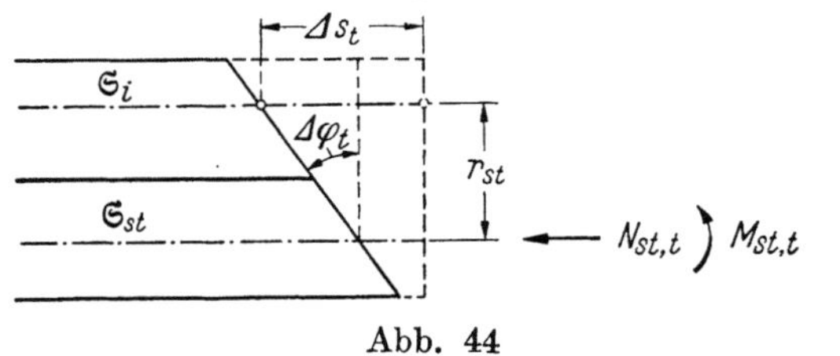

Abb. 44

$$\Delta s_t = \frac{N_{st,t}}{E_{st} F_{st}} + \frac{M_{st,t} r_{st}}{E_{st} J_{st}},$$

$$\Delta \varphi_t = \frac{M_{st,t}}{E_{st} J_{st}}. \qquad (E. 3.4)$$

Bei vorgespannten Gurten sind wieder die $'$-Werte nach b, β S. 41 einzusetzen. r_{st} bzw. r_{st}' können hier große Werte annehmen und müssen berücksichtigt werden.

c) Verformungen durch Kriechen der örtlichen Momente des Verbundgurtes. Es ist hier im Gegensatz zu Abschn. b der Querschnitt $\overline{F}_i$ bzw. $\overline{F}_i'$ mit ^Mb_m zu berücksichtigen. Die Umlagerungsgrößen werden, wie früher gezeigt, mit Hilfe der $\bar{\varkappa}$ bzw. $\bar{\varkappa}'$ berechnet.

4. Berechnung der Stützmomente $Y_{i,t=0}$ des durchlaufenden Verbundträgergurtes infolge ständig wirkender Belastung (Eigengewicht, Vorspannung) zur Zeit $t = 0$

Die Berechnung der Stützmomente $Y_{i,t=0}$ an den Knotenpunkten des durchlaufenden Verbundgurtes erfolgt durch Anwendung des im Abschn. D beschriebenen Momentenausgleichverfahrens. Dies bedeutet nichts anderes als eine iterative Auflösung der

Elastizitätsgleichungen der Formänderungsmethode, ohne daß sie in Form einer Matrix angeschrieben werden. Für den Verbundgurt wird feldweise konstantes Trägheitsmoment angenommen.

Vor dem Momentenausgleich werden die Knotenpunkte des Verbundgurtes so eingespannt gedacht, daß sie sich nicht drehen können. Für diesen Zustand werden, wie im folgenden gezeigt wird, die Starreinspannmomente an den Knotenpunkten des Verbundgurtes ermittelt. Diese Starreinspannmomente werden dann am Verbundgurt ausgeglichen.

a) Berechnung der Starreinspannmomente aus unmittelbarer Gurtbelastung (Eigengewicht). Die Starreinspannmomente $\overline{M}_{i,k,B}$ aus der direkten Belastung werden in üblicher Weise berechnet. Es ist der Querschnitt $\overline{F}_i$ mit $\overline{J}_i$ zu berücksichtigen.

b) Berechnung der Starreinspannmomente infolge der senkrechten Verschiebung $\overline{w}_0$ der Knotenpunkte des Verbundgurtes im statisch bestimmten Grundsystem. Sind die Stabkräfte aus Eigengewicht und Vorspannung am statisch bestimmten Gelenksystem bekannt, so können unter Zugrundelegung des Querschnittes F_i (mit $^N b_m$) die Stablängungen ermittelt werden. Damit läßt sich die Biegelinie $\overline{w}_0$ des Verbundgurtes im statisch bestimmten Gelenksystem bestimmen. Aus den Differenzen der Knotenverschiebungen ergeben sich die Starreinspannmomente $\overline{M}_{i,k,\overline{w}_0}$ nun aber unter Berücksichtigung des Trägheitsmomentes $\overline{J}_i$. An den Fachwerkenden wird der Verbundgurt als gelenkig angenommen.

c) Momentausgleich. Zuerst wird der Ausgleich der Starreinspannmomente $\overline{M}_{i,k} = \overline{M}_{i,k,B} + \overline{M}_{i,k,\overline{w}_0}$ an dem um die Ordinaten $\overline{w}_0$ durchgebogenen Verbundgurt, der auf gedachten starren Stützen gelagert wird, durchgeführt. Bei der Ermittlung der Verteilungszahlen $\mu_{i,k}$ ist der Querschnitt $\overline{F}_i$ mit $^M b_m$ zu berücksichtigen. Dabei ergeben sich die Momente aus Drehung der Knoten nach der Gl. (D. 3.1) $M'_{i,k} = \mu_{i,k}[\overline{M}_i + M'_{k,i} + M'_{i-1,i}]$; $M''_{i,k} = M''_{i-1,i} = 0$. Die so aus dem Ausgleich auf starren Stützen ermittelten Stützmomente $\overline{Y}_{i,t=0}$ müssen verbessert werden, da bisher in der Rechnung nicht erfaßt wurde, daß die unbekannten Stützmomente $Y_{i,t=0}$ die Biegelinie des Verbundgurtes beeinflussen. Die Ordinaten der Biegelinie des Verbundgurtes im Fachwerkträger infolge dieser Stützmomente sei mit $\overline{\overline{w}}_0$ bezeichnet.

In Näherung kann der Einfluß der Stützmomente nun dadurch sehr einfach und schnell berücksichtigt werden, daß zusätzlich die Momente $\overline{Y}_{i,t=0}$, die sich aus dem Ausgleich auf starren Stützen unter Berücksichtigung von $\overline{w}_0$ ergeben haben, unter einer angenäherten Erfassung der elastischen Nachgiebigkeit der Knotenstützpunkte des Verbundgurtes ausgeglichen werden. Die Bettungszahl der Knotenstützpunkte wird nämlich näherungsweise, wie unten gezeigt wird, nur aus den elastischen Verformungen der an den Knotenpunkten anschließenden Diagonal- bzw. Vertikalstäben bestimmt. Es wird dabei angenommen, daß der gegenüberliegende Gurt keine zusätzliche Änderung der nach Abschn. b) zu berechnenden Biegelinie erfährt. Die Rechnung hat nämlich gezeigt, daß die $\overline{Y}_{i,t=0}$ praktisch keine Änderung dieser Biegelinie des gegenüberliegenden Gurtes bewirken. Der Ausgleich erfolgt wie im Abschn. D beschrieben, wobei als Belastungsmomente $\overline{M}_{i,k}$, $\overline{M}_{k,i}$ usw. der Knoten die aus obigem Ausgleich auf starren Stützen ermittelten Momente $\overline{Y}_{i,t=0}$ in Gl. (D. 4.8) einzuführen sind. Die zugehörigen $\overline{M}_i$-Werte ergeben sich zu Null. Es sind dabei die Werte A_0 gleich Null zu setzen. Aus diesem Ausgleich erhält man die endgültigen Stützmomente des durchlaufenden Verbundgurtes $M_{i,k} = Y_{i,t=0}$. Wie die Zahlenrechnung ergeben hat, sind die Abweichungen gegenüber den genauen Lösungen kleiner als 2%.

Zur Berechnung der Bettungszahl des Knotenpunktes i wird der Pfosten $i - \overline{i}$ berücksichtigt.

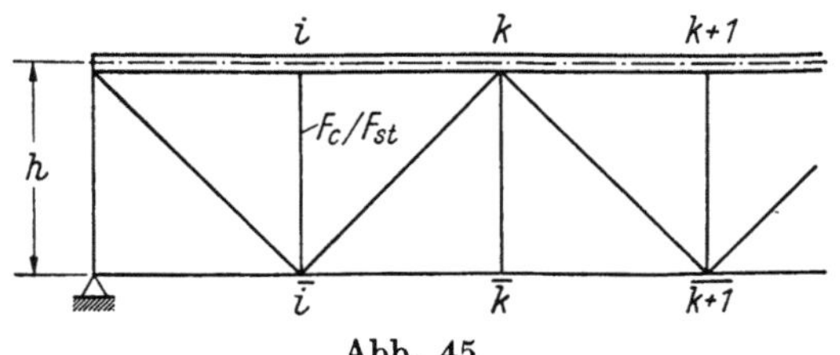

Abb. 45

Nach Gl. (D. 1.4) beträgt die bezogene Bettungszahl:

$$C_i = \frac{E\,J_c\,w_i}{K} \quad \text{mit} \quad K = 1,0,$$

$$C_i = \frac{J_c}{F_c}\,\frac{F_c}{F_{st}}\,h. \tag{E.4.1}$$

Bei einem Diagonalanschlußpunkt k werden die Diagonalen berücksichtigt, da der Pfosten in dem Fachwerksystem ein Nullstab ist.

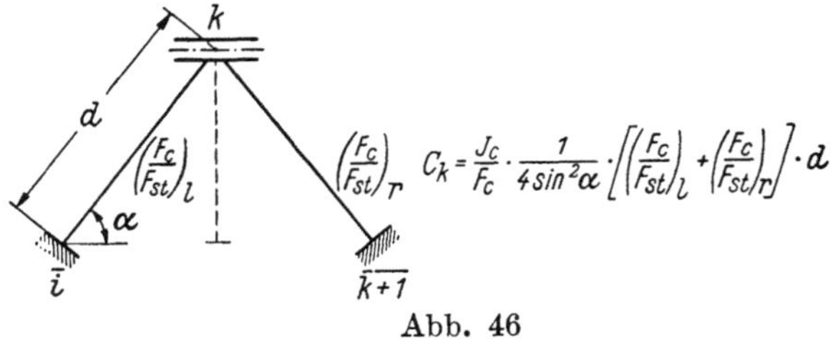

$$C_k = \frac{J_c}{F_c} \cdot \frac{1}{4\sin^2\alpha} \cdot \left[\left(\frac{F_c}{F_{st}}\right)_l + \left(\frac{F_c}{F_{st}}\right)_r \right] \cdot d$$

Abb. 46

An den Endpunkten des Obergurtes ergibt sich bei steigender Diagonale eine Bettungszahl nach Gl. (E. 4.1) bei fallender Diagonale ein Wert entsprechend Gl. (E. 4.2) unter Berücksichtigung der Enddiagonale.

Die Kräfte und Momente des statisch unbestimmten Systems erhält man dann aus der Überlagerung:

$$\tilde{M}_0 = M_0 + \sum_i Y_{i,t=0}\,M_i \qquad \text{Gurtmomente,}$$

$$\tilde{N}_0 = N_0 + \sum_i Y_{i,t=0}\,N_i \qquad \text{Gurtlängskräfte,} \tag{E.4.3}$$

$$\tilde{S}_0 = S_0 + \sum_i Y_{i,t=0}\,S_i \qquad \text{Stabkräfte,}$$

wobei die Stabkräfte aus den Momenten $Y_{i,t=0}\,N_i$ bzw. $Y_{i,t=0}\,S_i$ vernachlässigt werden können.

5. Berechnung der Stützmomente Y_{i,t_n} des durchlaufenden Verbundgurtes infolge Kriechen und Schwinden des Betons

Die Stützmomente Y_{i,t_n} lassen sich mit den Erkenntnissen des Abschn. C, nämlich nur die Endverformungen zum Zeitpunkt $t = t_n$ zu schließen, sehr einfach berechnen. Es wird wieder das Verfahren des iterativen Momentenausgleiches angewendet. Die Berechnung der Starreinspannmomente wird im folgenden gezeigt.

a) Starreinspannmomente infolge der Drehung der Querschnitte des Verbundgurtes durch Kriechen und Schwinden. Betrachtet man wieder das ideelle statisch bestimmte Gelenksystem, so treten an den Gelenkpunkten zusätzliche zeitabhängige Verformungen auf. Diese werden hervorgerufen durch das Kriechen des Betons in den Verbundgurten unter den von der Zeit $t = 0$ an ständig wirkenden statisch unbestimmten Gurtmomenten $\tilde{M}_0 = M_0 + \sum_i Y_{i,t=0}\,M_i$ und den Gurtlängskräften $\tilde{N}_0 \approx N_0$. Ferner bewirkt das Schwinden des Betons Verformungen.

Werden wieder die Knotenpunkte zunächst eingespannt gedacht, so entstehen für ein Feld $i - k$ an den Knotenpunkten Starreinspannmomente, die durch die Drehung der Verbundquerschnitte in dem Bereich der Feldweite λ (Knotenpunktsabstand) hervorgerufen werden.

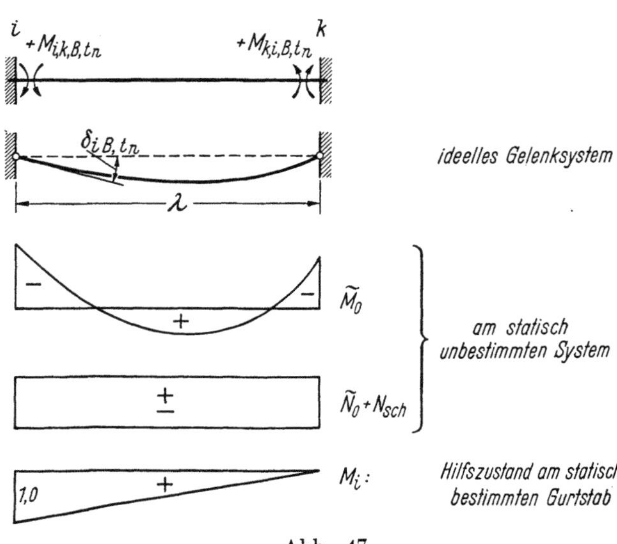

Abb. 47

Die Berechnung der Verformungen, die durch die Starreinspannmomente geschlossen werden, erfolgt mit dem Hilfszustand M_i oder $M_k = 1{,}0$ am Stahlgurt.

Nach Abb. 47 erhält man die Verformungen zu:

$$E_{st}\,J_c\,\delta_{i\,B,\,t\,n} = \int\limits_0^\lambda M_i\,\tilde{M}_0{}^M\bar{\varkappa}_{M,\,st}\,\frac{J_c}{\bar{J}_{st}}\,ds + \int\limits_0^\lambda M_i\,\sum Y_{i,\,t=0}\,N_i{}^N\bar{\varkappa}_{M,\,st}\,\frac{J_c}{\bar{J}_{st}}\,ds +$$

$$+ \int\limits_0^\lambda M_i\,N_0{}^N\varkappa_{M,\,st}\,\frac{J_c}{J_{st}}\,ds + \int\limits_0^\lambda M_i\,N_{\mathrm{sch}}{}^S\varkappa_{M,\,st}\,\frac{J_c}{J_{st}}\,ds, \qquad \text{(E.5.1)}$$

$$E_{st}\,J_c\,\delta_{k\,B,\,t\,n} = \int\limits_0^\lambda M_k\,\overline{M}_0{}^M\bar{\varkappa}_{M,\,st}\,\frac{J_c}{J_{st}}\,ds + \quad \text{usw.}$$

In dieser Gleichung stellen das erste Glied und das zweite Glied Verdrehungen aus Kriechen infolge des statisch unbestimmten Momentes $\tilde{M}_0$ und der Längskraft der statisch unbestimmten Stützmomente $Y_{i,t=0}$ unter Berücksichtigung von ${}^M b_m$ dar, wobei diese Längskraft im allgemeinen vernachlässigt werden kann. Für die beiden letzten Glieder aus der statisch bestimmten Längskraft N_0 und Schwinden ist ${}^N b_m$ maßgebend. Entsprechend sind auch die $\varkappa$-Werte der verschiedenen Querschnitte einzusetzen.

Für den in den Punkten i und k starr eingespannten Stab treten infolge obiger Verformungen Starreinspannmomente $\overline{M}_{i,\,k,\,B,\,t\,n}$ auf. Das Anwachsen dieser Starreinspannmomente kann wieder linear mit φ_t angenommen werden. Infolge eines linear mit φ_t anwachsenden Momentes $M_k = 1{,}0$ entsteht zum Beispiel an der Stelle i die Verformung:

$$E_{st}\,J_c\,\delta_{i\,k,\,t\,n} = \int\limits_0^\lambda M_i\,M_k\,\frac{J_c}{\bar{J}_i}\,ds + \int\limits_0^\lambda M_i\,M_k\,({}^M\bar{\varkappa}_{M,\,st})\,\frac{J_c}{\bar{J}_{st}}\,ds = \frac{1}{v_{i,k}}\int\limits_0^\lambda M_i\,M_k\,\frac{J_c}{\bar{J}_i}\,ds, \qquad \text{(E.5.2)}$$

$$\text{mit}\quad v_{i\,k} = \frac{1}{1 + ({}^M\bar{\varkappa}_{M,\,st})\dfrac{J_c}{\bar{J}_i}} \quad \text{nach Gl. (C. 3.2). Maßgebend ist } {}^M b_m.$$

Damit ergeben sich die Starreinspannmomente

für ein Zwischenfeld zu:

$$\overline{M}_{i,\,k,\,B,\,t\,n} = \frac{2\,v_{i,k}}{\lambda\dfrac{J_c}{\bar{J}_i}}\,[2\,E_{st}\,J_c\,\delta_{i\,B,\,t\,n} - E_{st}\,J_c\,\delta_{k\,B,\,t\,n}],$$

$$\overline{M}_{k,\,i,\,B,\,t\,n} = \frac{-2\,v_{i,k}}{\lambda\dfrac{J_c}{\bar{J}_i}}\,[2\,E_{st}\,J_c\,\delta_{k\,B,\,t\,n} - E_{st}\,J_c\,\delta_{i\,B,\,t\,n}],$$

für ein rechtes Endfeld zu: $\quad \overline{M}_{i,\,k,\,B,\,t\,n} = \dfrac{3\,v_{i,k}}{\lambda\dfrac{J_c}{\bar{J}_i}}\,[E_{st}\,J_c\,\delta_{i\,B,\,t\,n}],$

für ein linkes Endfeld zu: $\quad \overline{M}_{k,\,i,\,B,\,t\,n} = -\dfrac{3\,v_{i,k}}{\lambda\dfrac{J_c}{\bar{J}_i}}\,[E_{st}\,J_c\,\delta_{k\,B,\,t\,n}],$

$$\text{(E.5.3)}$$

Bei vorgespannten Gurten sind die Werte der $'$-Querschnitte einzusetzen.

b) Starreinspannmomente infolge der vertikalen Knotenverschiebungen $\overline{w}_{t\,n}$. Infolge Kriechens und Schwindens des Betons treten in den Verbundgurten des statisch bestimmten Gelenksystems auch Längenänderungen auf. Durch diese Längenänderungen ergeben sich

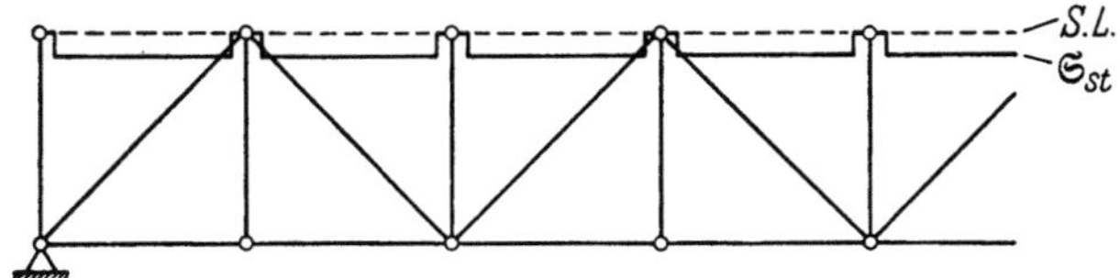

Abb. 48. Gelenksystem des ideellen statisch bestimmten Stahlfachwerkes

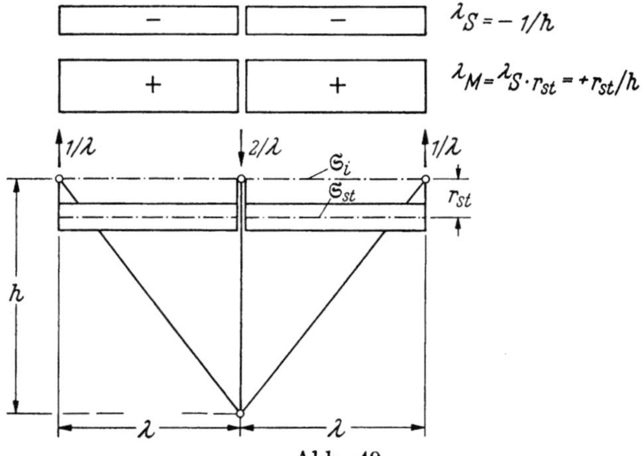

Abb. 49

zusätzliche Durchbiegungen $\overline{w}_{tn}$ des gelenkig gedachten Fachwerkträgers. Diese Durchbiegungen können in üblicher Weise mit Hilfe von W-Gewichten ermittelt werden. Anteile ergeben hierbei nur die Verbundgurte. Die Längenänderungen der Verbundgurte werden wieder über den Stahlquerschnitt des Gurtes berechnet. Aus Abb. 48 und 49 erkennt man, daß entsprechend Gl. (E. 3.4) Abstandsänderungen der Knotenpunkte i und k mit Rücksicht auf die exzentrische Lage der Schwerlinie $\mathfrak{S}_{st}$ aus Längung und Drehung des Stahlquerschnittes entstehen. Sind im Stahlgurt die Umlagerungsgrößen $M_{st,t}$ und $N_{st,t}$ vorhanden, so ergeben sich aus Überlagerung dieser mit dem λ-Zustand die W-Gewichte. Es sind die entsprechenden Querschnitte mit $^{M}b_m$ und $^{N}b_m$ und die zugehörigen $\varkappa$-Werte einzusetzen.

Kräfte und Momente des Stahlgurtes infolge der λ-Belastung:

Dann ergibt sich das W-Gewicht zu:

$$E_{st} J_c W_{i,tn} = \sum_{(\mathrm{VB})} \int_0^\lambda {}^\lambda M \, \tilde{M}_0 \, {}^{M}\bar{\varkappa}_{M,st} \frac{J_c}{\overline{J}_{st}} \, ds + \sum_{(\mathrm{VB})} \int_0^\lambda {}^\lambda M \, N_0 \, {}^{N}\varkappa_{M,st} \frac{J_c}{J_{st}} \, ds +$$

$$+ \sum_{(\mathrm{VB})} \int_0^\lambda {}^\lambda M \, N_{\mathrm{sch}} \, {}^{S}\varkappa_{M,st} \frac{J_c}{J_{st}} \, ds + \frac{J_c}{F_c} \sum_{(\mathrm{VB})} \int_0^\lambda {}^\lambda S \, \tilde{M}_0 \, {}^{M}\bar{\varkappa}_{N,st} \frac{F_c}{\overline{F}_{st}} \, ds +$$

$$+ \frac{J_c}{F_c} \sum_{(\mathrm{VB})} \int_0^\lambda {}^\lambda S \, N_0 \, {}^{N}\varkappa_{N,st} \frac{F_c}{F_{st}} \, ds + \frac{J_c}{F_c} \sum_{(\mathrm{VB})} \int_0^\lambda {}^\lambda S \, N_{\mathrm{sch}} \, {}^{S}\varkappa_{N,st} \frac{F_c}{F_{st}} \, ds$$

$$\sum Y_{i,t=0} N_i \sim 0 \, . \tag{E. 5.4}$$

Bei vorgespannten oder längsbewehrten Gurten erhält man mit

$$\bar{r}'_{st} = \text{Abstand zwischen den Schwerlinien } \mathfrak{S}_i \text{ und } \overline{\mathfrak{S}}'_{st} \, ,$$

$$r'_{st} = \text{Abstand zwischen den Schwerlinien } \mathfrak{S}_i \text{ und } \mathfrak{S}'_{st}$$

und

$$^\lambda \overline{M}' = {}^\lambda S \, \bar{r}'_{st} \, ; \qquad {}^\lambda M' = {}^\lambda S \, r'_{st} \, ,$$

$$E_{st} J_c W_{i,tn} = \sum_{(\mathrm{VB})} \int_0^\lambda {}^\lambda M' \, \tilde{M}_0 \, {}^{M}\bar{\varkappa}'_{M,st} \frac{J_c}{\overline{J}'_{st}} \, ds + \sum_{(\mathrm{VB})} \int_0^\lambda {}^\lambda M' \, N_0 \, {}^{N}\varkappa'_{M,st} \frac{J_c}{J'_{st}} \, ds +$$

$$+ \sum_{(\mathrm{VB})} \int_0^\lambda {}^\lambda M' \, N_{\mathrm{sch}} \, {}^{S}\varkappa'_{M,st} \frac{J_c}{J'_{st}} \, ds + \frac{J_c}{F_c} \sum_{(\mathrm{VB})} {}^\lambda S \, \tilde{M}_0 \, {}^{M}\bar{\varkappa}'_{N,st} \frac{F_c}{F'_{st}} \, ds + \tag{E. 5.5}$$

$$+ \frac{J_c}{F_c} \sum_{(\mathrm{VB})} {}^\lambda S \, N_0 \, {}^{M}\varkappa'_{N,st} \frac{F_c}{F'_{st}} \, ds + \frac{J_c}{F_c} \sum_{(\mathrm{VB})} {}^\lambda S \, N_{\mathrm{sch}} \, {}^{S}\varkappa'_{N,st} \frac{F_c}{F'_{st}} \, ds \, .$$

Mit Hilfe der W-Gewichte läßt sich dann die Biegelinie $\overline{w}_{tn}$ bestimmen und aus den Verschiebungsdifferenzen zweier benachbarter Knotenpunkte

$$E_{st} J_c \Delta \overline{w}_{tn} = E_{st} J_c (\overline{w}_{i,tn} - \overline{w}_{k,tn}) \tag{E.5.6}$$

erhält man die Starreinspannmomente.

Für ein Zwischenfeld: $\qquad M_{i,k,\overline{w}_{tn}} = \dfrac{6\,v_{i,k}}{\lambda^2 \dfrac{J_c}{J_i}} E_{st} J_c \Delta \overline{w}_{tn} = \overline{M}_{k,i,\overline{w}_{tn}}.$

$$\tag{E.5.7}$$

Für ein Endfeld: $\qquad M_{k,i,\overline{w}_{tn}} = \dfrac{3\,v_{i,k}}{\lambda^2 \dfrac{J_c}{J_i}} E_{st} J_c \Delta \overline{w}_{tn} = \overline{M}_{k,i,\overline{w}_{tn}}.$

Bei vorgespannten Gurten sind die $v_{i,k}$-Werte und die $\overline{M}_{i,k,\overline{w}_{tn}}$ unter Berücksichtigung des '-Querschnittes zu bestimmen.

c) Momentausgleich. Der Ausgleich der Starreinspannmomente $\overline{M}_{i,k,tn} = \overline{M}_{i,k,B,tn} + \overline{M}_{i,k,\overline{w}_{tn}}$ erfolgt nun wie zur Zeit $t = 0$. Der Einfluß der Stützmomente selbst auf die Biegelinie des Verbundgurtes im Fachwerkträger wird wieder durch den weiteren Ausgleich der Endmomente $\overline{Y}_{i,tn}$ des Ausgleiches auf gedachten starren Stützen erfaßt. Dieser weitere Ausgleich erfolgt wieder unter Berücksichtigung der Bettungszahlen der Knotenpunkte. Man erhält dann die Momente $Y_{i,tn}$. Die Genauigkeit der so ermittelten zeitabhängigen Stützmomente des Verbundgurtes liegt wieder bei etwa 2%.

6. Berechnung der Einflußlinien für die Stützmomente Y_i

Die genaue Ermittlung der Einflußlinien der Stützmomente Y_i ist bei vorliegenden hochgradig statisch unbestimmten Systemen außerordentlich umständlich. Im folgenden wird ein Weg gezeigt, der sehr einfach und schnell zum Ziele führt. Es wird am $n - 1$-fach statisch unbestimmten System die Biegelinie des Verbundgurtes (Lastgurt) infolge $M_i = 1,0\,\text{tm}$, das an der Wirkungsstelle von Y_i angreift, berechnet. Die Ordinaten der Biegelinie werden durch die Klaffung an der Stelle i reduziert und ergeben dann die Ordinaten der Einflußlinie.

Die Berechnung der Biegelinie infolge der Belastung $M_i = 1,0$ tm erfolgt iterativ. Zunächst wird M_i am statisch bestimmten Gelenksystem aufgebracht und die Biegelinie $\overline{w}_0$ (s. Abb. 50 u. 51) ermittelt. Aus den Verschiebungsdifferenzen $\Delta \overline{w}_0$ der Knotenpunkte lassen sich wieder Starreinspannmomente bestimmen unter der Annahme, daß die Knotenpunkte gegen Drehung starr gefesselt sind. Mit

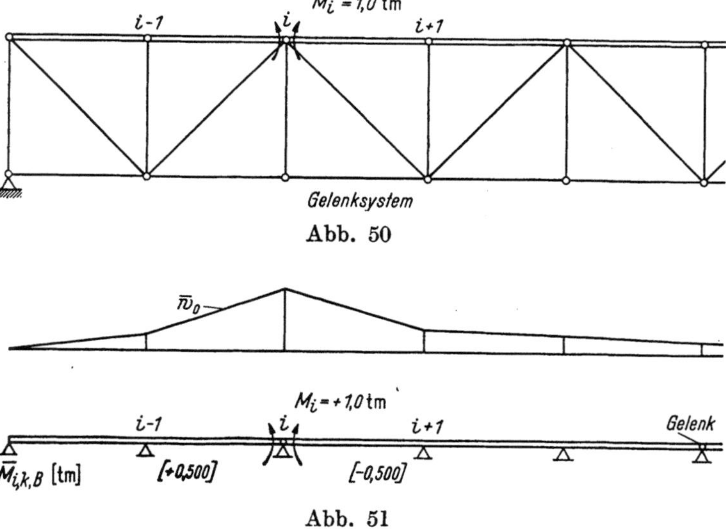

Abb. 50

Abb. 51

diesen Starreinspannmomenten $\overline{M}_{i,k,\overline{w}}$ und den Starreinspannmomenten $\overline{M}_{i,k,B}$ aus der direkten Wirkung von M_i auf die benachbarten eingespannten Knotenpunkte $i - 1$ und $i + 1$ (s. Abb. 51) lassen sich dann in guter Näherung durch Momentenausgleich am um $\overline{w}_0$ durchgebogenen Verbundgurt, der auf gedachten starren Stützen gelagert wird, die Stützmomente $\overline{Y}_i$ infolge $M_i = 1,0$ tm bestimmen. Die endgültige Biegelinie $w_0 = \overline{w}_0 + \overline{\overline{w}}_0$ (wobei $\overline{\overline{w}}_0$ die Biegelinie ist, die durch die Stützmomente des durchlaufenden Verbundgurtes verursacht wird) läßt sich nun mit Hilfe der Stabkräfte und Momente dieser Stützmomente $\overline{Y}_i$ berechnen. Zwischen den Knotenpunkten werden die örtlichen Biegelinien der Gurtstäbe eingehängt.

Da die Momente $\overline{Y}_i$ sehr schnell abklingen, genügt es, die Biegesteifigkeit des durchlaufenden Verbundgurtes nur über drei Felder beiderseits vom Lastangriff M_i zu berücksichtigen. Es bleiben also in den weiter anschließenden Feldern die gelenkigen Knotenpunktsanschlüsse des Gelenksystems bestehen.

Die Klaffung φ_i erhält man sofort durch Anwendung des Reduktionssatzes. Nach dem Prinzip der virtuellen Verrückung werden die örtlich begrenzten Stabkräfte und Momente infolge eines Hilfszustandes ${}^H M_i = 1{,}0$ am Gelenksystem mit den Stabkräften und Momenten infolge $M_i = 1{,}0$ tm am statisch unbestimmten Fachwerkträger multipliziert.

Bei dieser Berechnung ist im Verbundgurt für die Momentenzustände die mitwirkende Plattenbreite ${}^M b_m$ und für die Längskräfte aus den Momenten die Plattenbreite ${}^N b_m$ einzusetzen, da anderseits bei Aufbringen einer äußeren Last P die Gurtmomente am Querschnitt $\overline{F}_i$ (mit ${}^M b_m$) wirken und die Gurtkräfte am Querschnitt F_i (mit ${}^N b_m$).

Die auf diese Weise gewonnenen Einflußlinien decken sich praktisch mit den genauen Einflußlinien. Eine völlige Übereinstimmung kann man erzielen, indem man die $\overline{Y}_i$ des Ausgleiches auf starren Stützen wieder wie im vorhergehenden Kapitel auf den elastischen Nachgiebigkeiten der Knotenpunkte im Fachwerksystem ausgleicht. Man erhält dann die verbesserten Stützmomente Y_i. Mit ihnen wird wie oben die endgültige Biegelinie bestimmt. Die Einflußlinien für die Stabkräfte können am statisch bestimmten Gelenksystem ermittelt werden, da der Einfluß der Stützmomente Y_i auf die Stabkräfte verschwindend klein ist (s. Abb. S. 58).

7. Nebenspannungs- und Zusatzmomente der Stahlstäbe des Fachwerkträgers

In den Pfosten, Diagonalen und in dem nicht befahrenen Gurt eines Fachwerkträgers mit unmittelbar belastetem Lastgurt treten infolge des annähernd biegesteifen Knotenblechanschlusses zusätzliche Momente auf. Zunächst treten die sogenannten Nebenspannungsmomente auf, die durch gegenseitige Verschiebungen der Knotenpunkte des Systems unter Belastung entstehen. Diese Nebenspannungsmomente werden normalerweise bei Fachwerken mit Einleitung der Kräfte in den Knotenpunkten vernachlässigt. Bei vorliegenden Systemen mit einem direkt befahrenen Lastgurt sind diese Nebenspannungsmomente infolge der Lasten, die in den Knotenpunkten angreifen, kleiner als bei den üblichen Fachwerken. Die Gesamtverformung des Systems ist geringer, weil die Querschnittsflächen des Lastgurtes wegen der Momente aus der unmittelbaren Gurtbelastung wesentlich größer sind. Also brauchen auch bei vorliegenden Systemen die Nebenspannungen aus der Knotenpunktsbelastung in den Stahlstäben nicht nachgewiesen zu werden.

Durch direkte Gurtbelastung, insbesondere durch große Einzellasten, treten nun aber am durchlaufenden biegesteifen Lastgurt Knotendrehungen auf, die je nach der Größe der Steifigkeiten in den starr angeschlossenen Stäben Zusatzmomente hervorrufen. Diese Zusatzmomente können bei Stabquerschnitten mit großem Trägheitsmoment und relativ geringem Widerstandsmoment zu Spannungsgrößen führen, die einen Nachweis erforderlich machen. Die Einflußlinien für die Neben- und Zusatzmomente können grundsätzlich in gleicher Weise wie unter E. 6. ermittelt werden (s. Rechenbeispiel 2).

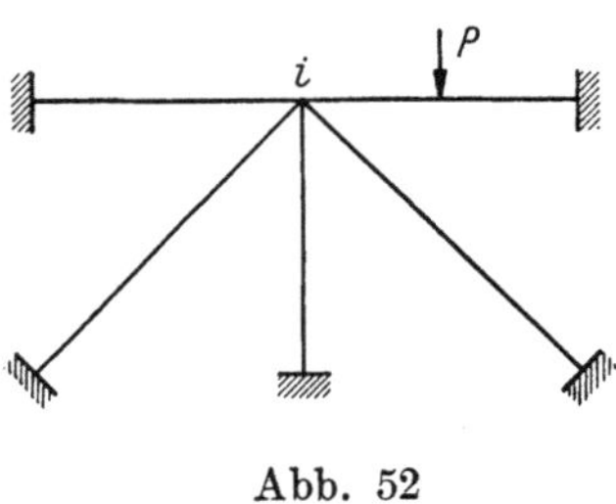

Abb. 52

Unter Umgehung der Berechnung dieser Einflußlinien lassen sich die Zusatzmomente dadurch schnell abschätzen, indem nach Abb. 52 ein Knotenpunkt aus dem Fachwerkträger herausgenommen wird und an ihm das auftretende Starreinspannmoment aus der Belastung im Verhältnis der Steifigkeiten der angeschlossenen Stäbe verteilt wird.

8. Anwendung des Verfahrens auf die Berechnung von fachwerkartigen direkt befahrenen Kranbahnträgern

Bei Fachwerkträgern, deren Obergurt direkt von Kränen befahren wird, kann das im Kapitel E. 6. gezeigte Verfahren zur Berechnung der Einflußlinien für die Momente des biegesteif durchlaufenden Lastgurtes sehr vorteilhaft angewendet werden. Besondere Bedeutung kommt hier der Berechnung der Zusatzmomente nach E. 7. aus den schweren Einzellasten zu. Unten wird als Beispiel die Berechnung bei einem Fachwerkträger mit direkt befahrenem Obergurt von 24 m Stützweite gezeigt.

Beispiel 1. Fachwerkbrücke mit Verbundträgergurt

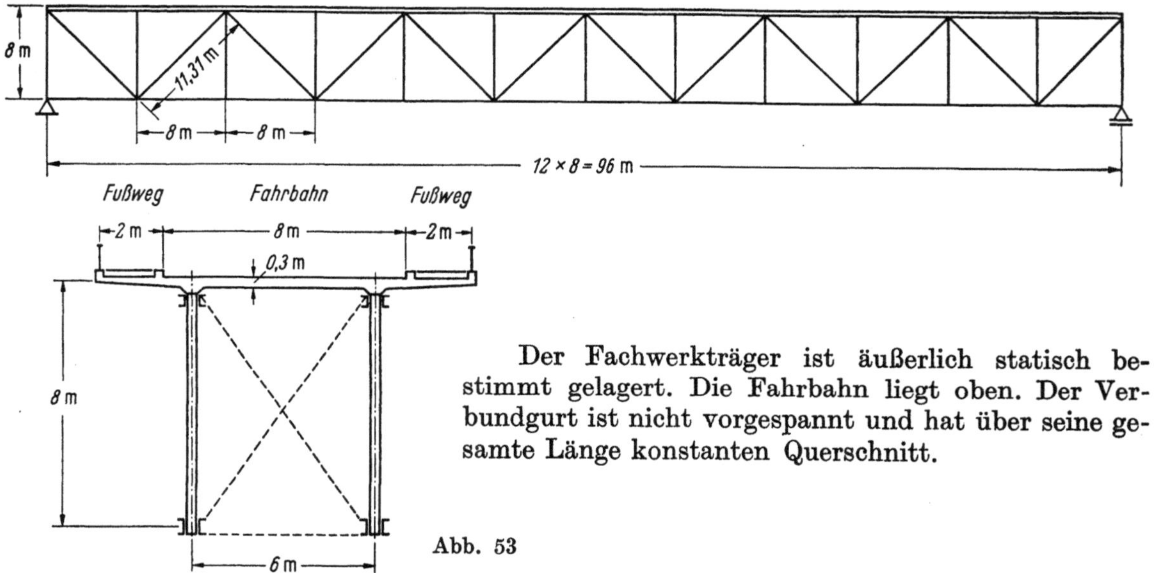

Der Fachwerkträger ist äußerlich statisch bestimmt gelagert. Die Fahrbahn liegt oben. Der Verbundgurt ist nicht vorgespannt und hat über seine gesamte Länge konstanten Querschnitt.

Abb. 53

Belastung:

Eigengewicht: Verbundgurt . . . . $g =$ 4,50 t/m HT.

Untergurt + Diagonalen + Pfosten + Verbände . . . $g =$ 1,0 t/m HT.

Verkehr: Brückenklasse 60

Streckenlast . . . . $p =$ 2,04 t/m HT.

Einzellast . . . . $P =$ 49,27 t

Querschnittswerte des Verbundobergurtes:

$$B\ 450; \quad n = 6{,}0; \qquad \varphi_n = 2{,}0;$$

$$\varepsilon_s = 15 \cdot 10^{-5}; \quad E_b = 350\,000\ \text{kg/cm}^2.$$

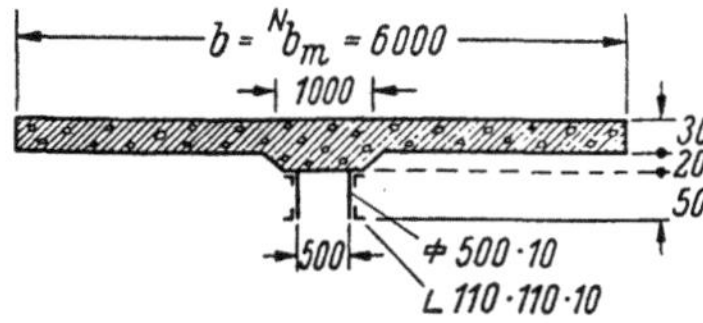

Abb. 54 a 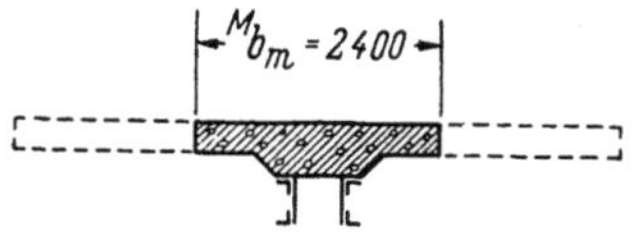   Abb. 54 b

Tabelle 14

a [cm]	a_b [cm]	a_{st} [cm]	$\bar{a}$ [cm]	$\bar{a}_b$ [cm]	$\bar{a}_{st}$ [cm]
57,50	3,02	54,48	54,60	5,88	48,72
F_{st} [cm²]	$\dfrac{1}{n}F_b$ [cm²]	F_i [cm²]	$\bar{F}_{st}$ [cm²]	$\dfrac{1}{n}\bar{F}_b$ [cm²]	$\bar{F}_i$ [cm²]
185	3333	3518	185	1533	1718
J_{st} [cm⁴]	$\dfrac{1}{n}J_b$ [cm⁴]	J_i [cm⁴]	$\bar{J}_{st}$ [cm⁴]	$\dfrac{1}{n}\bar{J}_b$ [cm⁴]	$\bar{J}_i$ [cm⁴]
625 71	423 611	1 0656 73	62 571	264 157	818 892

$N_{\varkappa M,st}$	$N_{\varkappa N,st}$	$S_{\varkappa M,st}$	$S_{\varkappa N,st}$	$M_{\overline{\varkappa}M,st}$	$M_{\overline{\varkappa}N,st}$	$(M_{\overline{\varkappa}M,st})$
$-0{,}004252$	$+0{,}029162$	$+0{,}002244$	$-0{,}015390$	$+0{,}040478$	$+0{,}303529$	$+0{,}022015$

siehe Seiten 10 und 41

$$J_c = \bar{J}_i; \qquad F_c = 500\,\text{cm}^2; \qquad \frac{J_c}{F_c} = 0{,}164\,\text{m}^2,$$

entsprechend Gl. (C. 3.3) wird:
$$\nu = \frac{1}{1 + (M_{\overline{\varkappa}M,st})\,\dfrac{\bar{J}_i}{\bar{J}_{st}}} = \frac{1}{1 + 0{,}022015 \cdot 13{,}087} = 0{,}773326.$$

Verhältniswerte der Stabquerschnittsflächen (Abbildung 55):

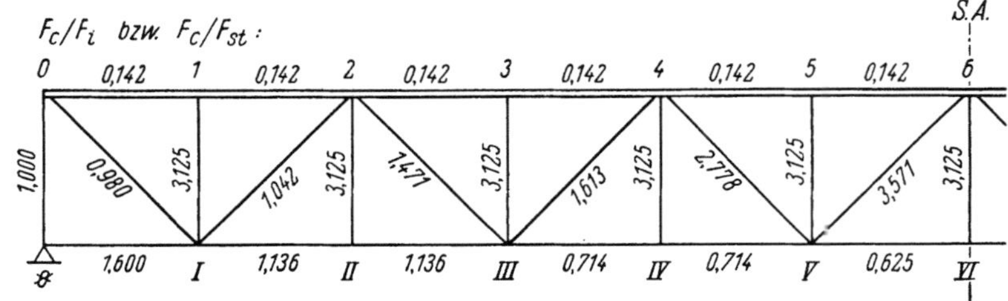

Abb. 55

Stabkräfte ${}^G S_0$ am statisch bestimmten Gelenksystem (Abb. 56):

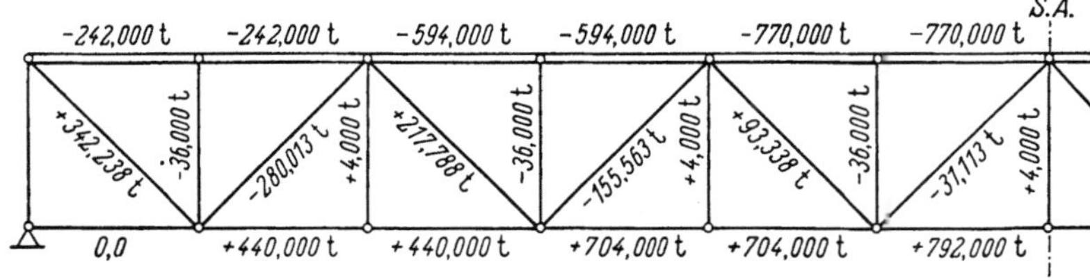

Abb. 56

Stabkräfte ${}^\lambda S$ der W-Gewichte (Abb. 57):

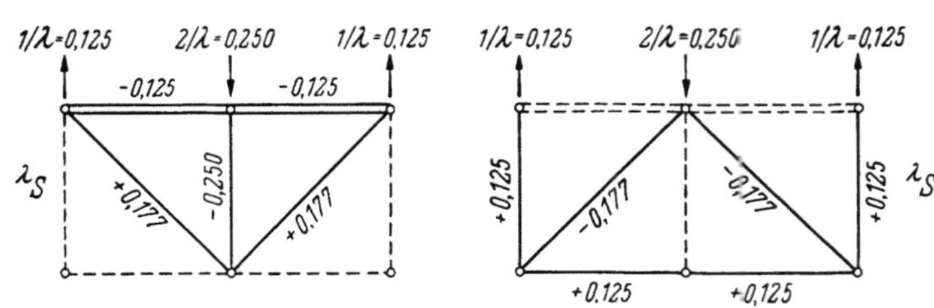

Abb. 57

1. Berechnung der Stützmomente $Y_{i,t=0}$ des durchlaufenden Verbundgurtes infolge Eigengewicht.

a) Starreinspannmomente aus unmittelbarer Gurtbelastung:

$$\bar{M}_{1,0,B} = -\frac{g\lambda^2}{8} = -\frac{4{,}5 \cdot 8{,}0^2}{8} = -36{,}0\,\text{tm};$$

alle anderen

$$\overline{M}_{i,k,B} = + \frac{g\,\lambda^2}{12} = + \frac{4{,}5\cdot 8{,}0^2}{12} = +24{,}0\ \mathrm{tm}$$

$$\overline{M}_{k,i,B} = -24{,}0\ \mathrm{tm}.$$

b) Starreinspannmomente aus der Biegelinie $\overline{w}_0$ des Verbundgurtes:

W-Gewichte:

$$E_{st}J_c W_i = \frac{J_c}{F_c}\left[\sum_i {}^{\lambda}S_i\,{}^{g}S_0\,\frac{F_c}{F_i}\,\lambda + \sum_i {}^{\lambda}S_i\,{}^{g}S_0\,\frac{F_c}{F_{st}}\,s\right],$$

z. B. $E_{st}J_c W_3 = 0{,}164\,[(-0{,}125)\,(-594{,}000)\,0{,}142\cdot 2\cdot 8{,}0 + 0{,}177\cdot 217{,}788\cdot 1{,}471\cdot 11{,}31 +$

$\qquad + 0{,}177\,(-155{,}563)\,1{,}613\cdot 11{,}31 + (-0{,}250)\,(-36{,}0)\,3{,}125\cdot 8{,}0] = 87{,}247.$

Biegelinie $\overline{w}_0$ (Abb. 58):

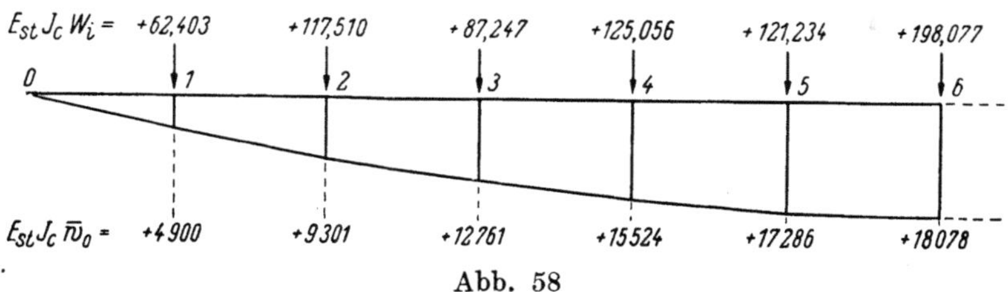

Abb. 58

Starreinspannmomente:

$$\overline{M}_{1,0,\varDelta\overline{w}_0} = \frac{3}{\lambda^2\,\dfrac{J_c}{\overline{J}_i}}\,E_{st}J_c \varDelta\overline{w}_0 = \frac{3}{8{,}0^2\cdot 1{,}0}\,4900 = +229{,}683\ \mathrm{tm},$$

$$\overline{M}_{1,2,\varDelta\overline{w}_0} = \frac{6}{\lambda^2\,\dfrac{J_c}{\overline{J}_i}}\,E_{st}J_c \varDelta\overline{w}_0 = \frac{6}{8{,}0^2\cdot 1{,}0}\,(9301 - 4900) = +412{,}564\ \mathrm{tm} = \overline{M}_{2,1,\varDelta\overline{w}_0}.$$

Somit ist: $\sum \overline{M}_{1,0} = -36{,}0 + 229{,}683 = +193{,}683\ \mathrm{tm};\qquad \sum \overline{M}_{1,2} = +436{,}564\ \mathrm{tm}$ usw.

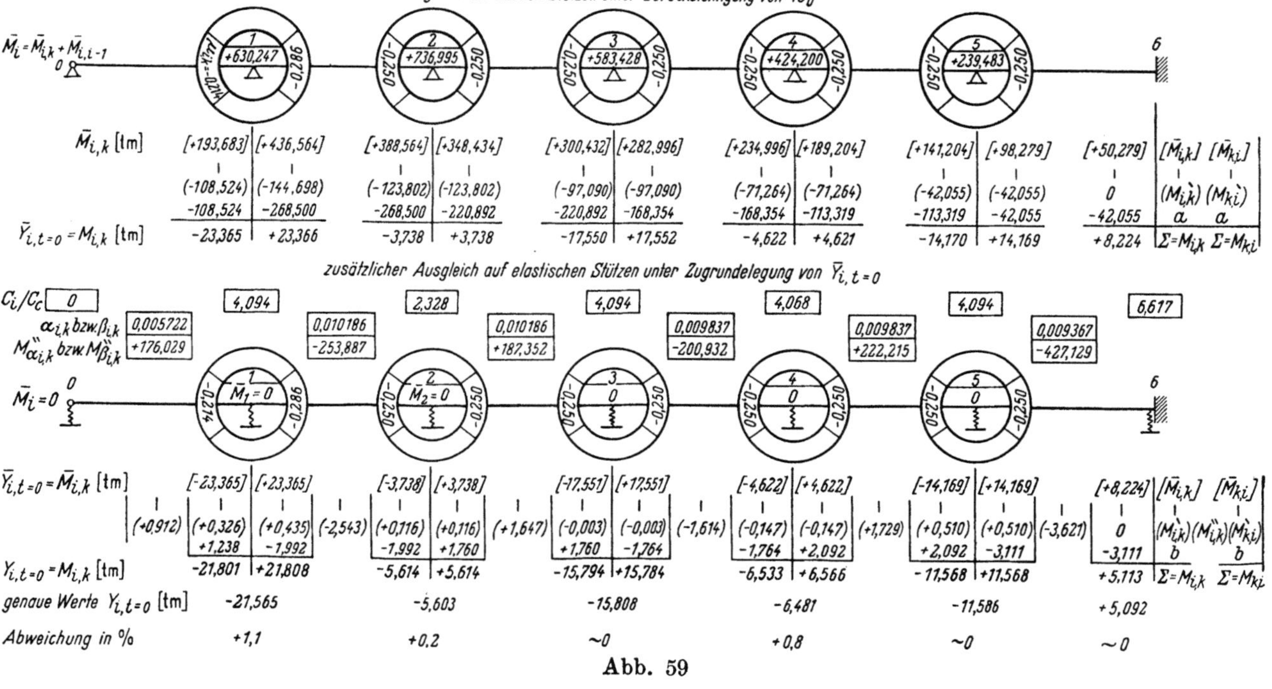

Abb. 59

Für den Momentenausgleich auf elastischen Stützen:

Berechnung einer Stützenbettungsziffer:

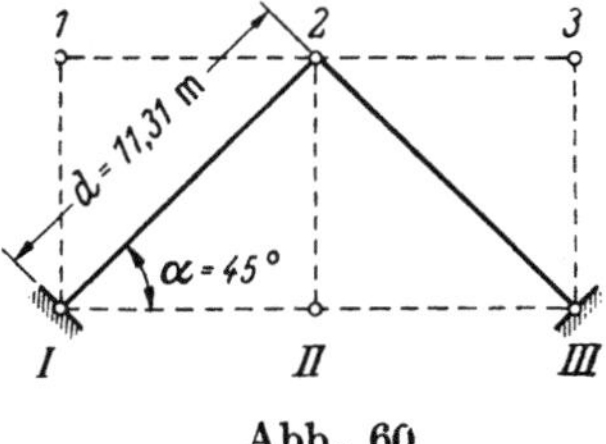

Abb. 60

nach Gl. (E. 4.2)

$$\text{z. B.} \quad C_2 = \frac{J_c}{F_c}\,\frac{1}{4\sin^2\alpha}\left[\left(\frac{F_c}{F_{st}}\right)_{\text{I}-2} + \left(\frac{F_c}{F_{st}}\right)_{2-\text{III}}\right] d,$$

$$C_2 = 0{,}164\,\frac{1}{4\cdot 0{,}70711^2}\left[1{,}042 + 1{,}471\right] 11{,}31 = 2{,}328\,\text{m}^3.$$

$$C_c = 1{,}0\,\text{m}^3.$$

Berechnung eines Feldverschiebungsfaktors:

$$\text{nach Gl. (D. 4.7)} \quad \alpha_{1,\,2} = \frac{6}{\lambda^3 + 12(C_1 + C_2)} = \frac{6}{8{,}0^3 + 12(4{,}094 + 2{,}328)} = 0{,}010186.$$

Berechnung eines Feldverschiebungsmomentes:

$$\text{nach Gl. (D. 4.8)} \quad M''_{\alpha_{1,\,2}} = C_i(M_{1,\,0}) + C_2(M_{2,\,3} + M_{3,\,2}) - (C_1 + C_2)(M_{1,\,2} + M_{2,\,1}),$$

$$M''_{\alpha_{1,\,2}} = 4{,}094(-23{,}365) + 2{,}328(3{,}738 - 17{,}551) - 6{,}423(23{.}365 - 3{,}738)$$

$$= -253{,}887\,\text{tm}.$$

Aus dem Verlauf der Endmomente zur Zeit $t = 0$ am Verbundgurt, der in Abb. 61 dargestellt ist, ist ersichtlich, daß die Momente des Ausgleiches auf starren Stützen davon nur gering abweichen und zu einer Vordimensionierung verwendet werden können. Ebenfalls sind die Längskräfte N_0 nur wenig verschieden von den endgültigen Werten $\tilde{N}_0$.

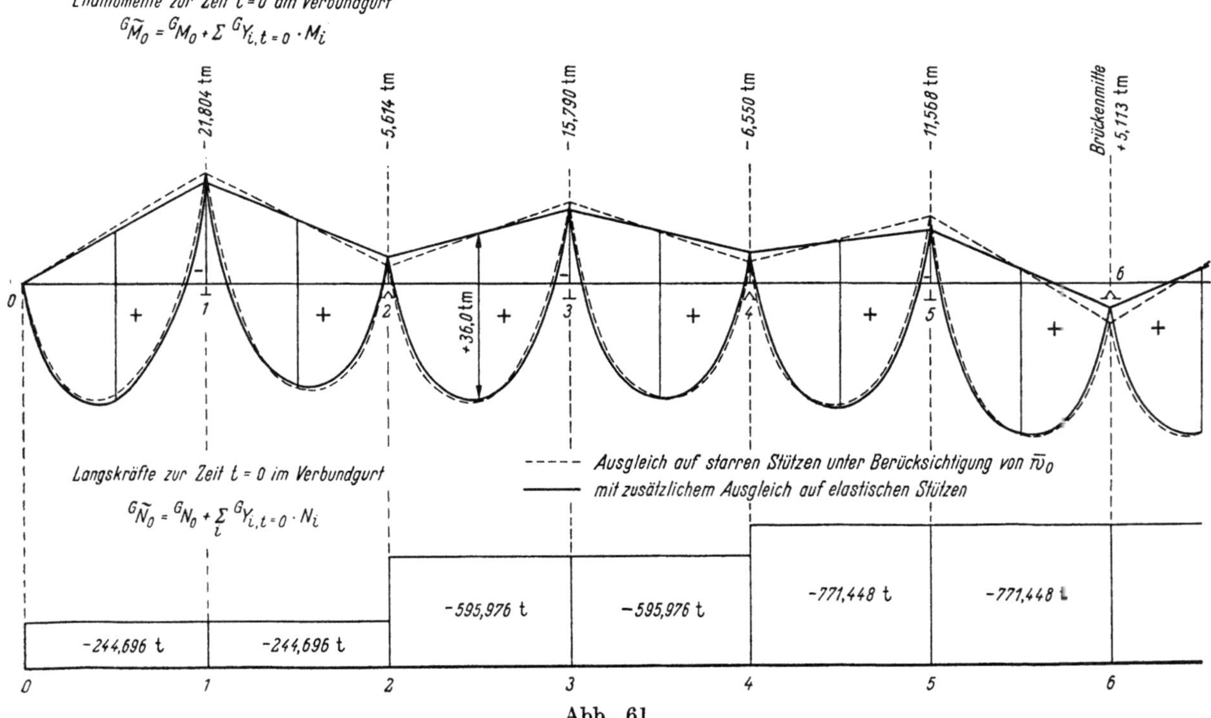

Abb. 61

2. Bestimmung der Momente $Y_{i,tn}$ im Verbundgurt aus Kriechen und Schwinden zur Zeit $t = tn$.

a) Starreinspannmomente infolge Drehung der Querschnitte des Verbundgurtes.

α) Starreinspannmomente aus Kriechen: z. B. Feld *1—2*

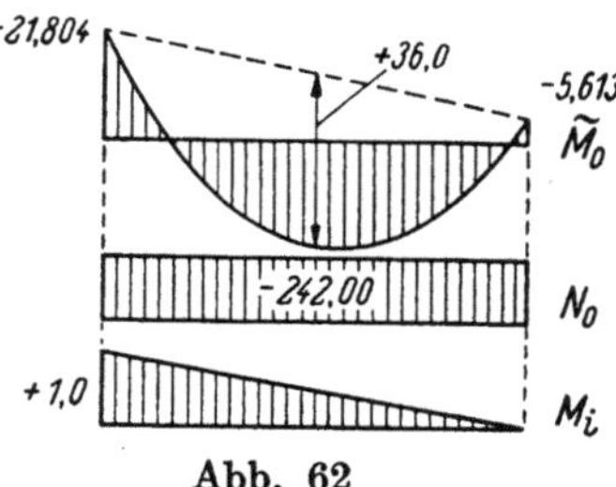

Abb. 62

nach Gl. (E.5.1)

$$E_{st}J_c\,\delta_{1B,tn} = \int_0^\lambda M_i\,\tilde{M}_0\,{}^M\bar{\varkappa}_{M,st}\frac{J_c}{J_{st}}ds + \int_0^\lambda M_i\,N_0\,{}^N\varkappa_{M,st}\frac{J_c}{J_{st}}ds,$$

$$E_{st}J_c\,\delta_{1B,tn} = \frac{1}{3}\,1{,}0\left(36{,}0 - 21{,}804 - \frac{5{,}613}{2}\right)0{,}040478 \cdot 13{,}087 \cdot 8{,}0 +$$

$$+ \frac{1}{2}\,1{,}0\,(-242{,}000)\,(0{,}004252)\,13{,}087 \cdot 8{,}0$$

$$= + 16{,}090 + 53{,}867 = + 69{,}957,$$

$$E_{st}J_c\,\delta_{2B,tn} = + 81{,}393,$$

nach Gl. (E.5.3) $\quad \overline{M}_{1,2,B,tn} = \dfrac{2v_{1,2}}{\lambda\dfrac{J_c}{\overline{J}_i}}\left[2\,E_{st}J_c\,\delta_{1B,tn} - E_{st}J_c\,\delta_{2B,tn}\right],$

$$\overline{M}_{1,2,B,tn} = \frac{2 \cdot 0{,}776}{8{,}0 \cdot 1{,}0}\,[2 \cdot 69{,}957 - 81{,}393] = + 11{,}358\;\text{tm},$$

$$\overline{M}_{2,1,B,tn} = - 18{,}016\;\text{tm}.$$

β) Starreinspannmomente aus Schwinden:

$$\text{mit}\quad N_{\text{sch}} = \varepsilon_S\,E_b\,F_b = 15 \cdot 10^{-5} \cdot 350000 \cdot 20000 = 1050\;\text{t},$$

nach Gl. (E.5.1)

$$E_{st}J_c\,\delta_{is,tn} = \int_0^\lambda M_i\,N_{\text{sch}}\,{}^S\varkappa_{M,st}\frac{J_c}{J_{st}}ds,$$

$$E_{st}J_c\,\delta_{1s,tn} = \frac{1}{2}\,1{,}0 \cdot 1050 \cdot 0{,}002244 \cdot 13{,}087 \cdot 8{,}0 = + 123{,}347 = E_{st}J_c\,\delta_{2s,tn},$$

$$\overline{M}_{1,2,s,tn} = \frac{2 \cdot 0{,}776}{8{,}0 \cdot 1{,}0}\,(2 \cdot 123{,}347 - 123{,}347) = + 23{,}939\;\text{tm} = - \overline{M}_{2,1,s,tn}.$$

b) Starreinspannmomente $\overline{M}_{i,k,\bar{w}_{tn}}$ infolge der Biegelinie $\bar{w}_{tn}$ zur Zeit $t = tn$. *W*-Gewichte:

α) Infolge Kriechen:

nach Gl. (E.5.4)

$$E_{st}J_c\,W_{i,tn} = \sum_{(\text{VB})}\int_0^\lambda {}^\lambda M\,\tilde{M}_0\,{}^M\bar{\varkappa}_{M,st}\frac{J_c}{J_{st}}ds + \sum_{(\text{VB})}\int_0^\lambda {}^\lambda M\,N_0\,{}^N\varkappa_{M,st}\frac{J_c}{J_{st}}ds +$$

$$+ \frac{J_c}{F_c}\sum_{(\text{VB})}\int_0^\lambda {}^\lambda N\,\tilde{M}_0\,{}^M\bar{\varkappa}_{N,st}\frac{F_c}{F_{st}}ds + \frac{J_c}{F_c}\sum_{(\text{VB})}\int_0^\lambda {}^\lambda N\,N_0\,{}^N\varkappa_{N,st}\frac{F_c}{F_{st}}ds.$$

Stabkräfte und Momente des W-Gewichtes W_3 (Abb. 63):

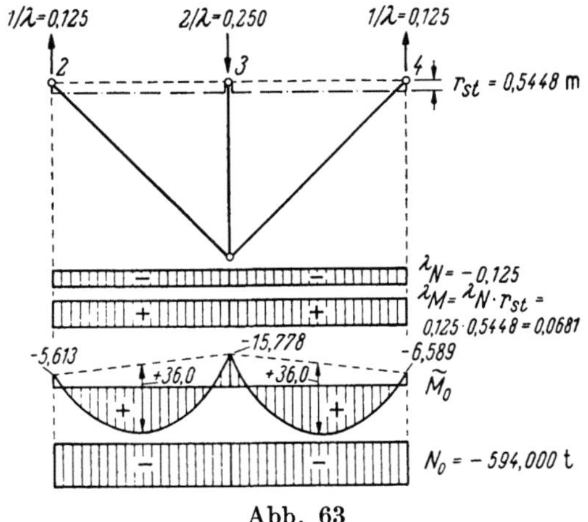

Abb. 63

$$E_{st} J_c W_{3,tn} = 0,068100\left[\frac{2}{3}36,0 - \frac{1}{2}15,778 - \frac{1}{4}5,613 - \frac{1}{4}6,589\right]0,040478 \cdot 13,087 \cdot 2 \cdot 8,0 +$$

$$+ 0,068100(-594,000)(-0,004252)13,087 \cdot 2 \cdot 8,0 +$$

$$+ 0,164(-0,125)\left[\frac{2}{3}36,0 - \frac{1}{2}15,778 - \frac{1}{4}5,613 - \frac{1}{4}6,589\right]0,303529 \cdot 2,703 \cdot 2 \cdot 8,0 +$$

$$+ 0,164(-0,125)(-594,000)0,029162 \cdot 2,703 \cdot 2 \cdot 8,0$$

$$= + 7,539 + 36,016 - 3,509 + 15,335 = + 55,381 .$$

β) Infolge Schwinden [nach Gl. (E. 5.4):

$$E_{st} J_c W_{i,tn} = \sum_{(VB)} \int_0^\lambda {}^\lambda M \, N_{sch} \, {}^S\varkappa_{M,\,st} \frac{J_c}{J_{st}} ds + \frac{J_c}{F_c} \sum_{(VB)} {}^\lambda N \, N_{sch} \, {}^S\varkappa_{N,\,st} \frac{F_c}{F_{st}} ds ,$$

$$E_{st} J_c W_{3,tn} = 0,068100 \cdot 1050 \cdot 0,002244 \cdot 13,087 \cdot 2 \cdot 8,0 +$$

$$+ 0,164(-0,125)1050(-0,015390)2,703 \cdot 2 \cdot 8,0 = +33,599 + 14,306 = +47,905 .$$

Biegelinie des Verbundgurtes $\overline{w}_{tn}$:

aus Kriechen (Abb. 64):

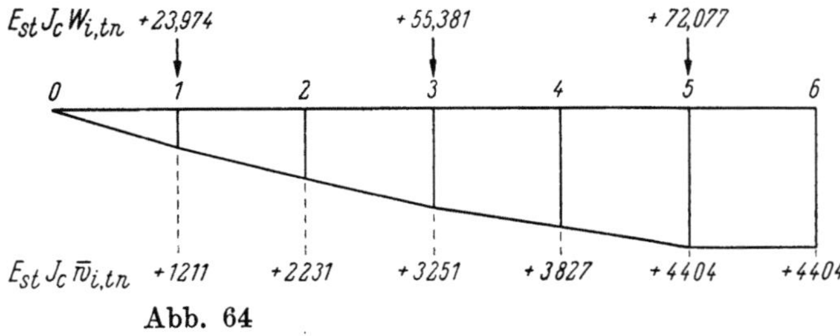

Abb. 64

aus Schwinden (Abb. 65):

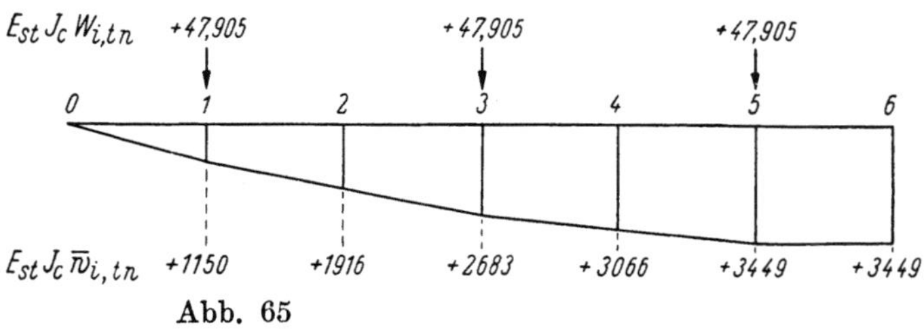

Abb. 65

Starreinspannmomente:

nach Gl. (E. 5.7)
$$\overline{M}_{i,k,\overline{w}_{tn}} = \frac{6\,\nu_{i,k}}{\lambda^2\,\dfrac{J_c}{J_i}}\,E_{st}\,J_c\,\Delta\overline{w}_{tn},$$

aus Kriechen:
$$\overline{M}_{1,2,\overline{w}_{tn}} = \frac{+\,6\cdot 0{,}776\,(2231 - 1211)}{8{,}0^2\cdot 1{,}0} = +74{,}211\ \text{tm},$$

aus Schwinden:
$$\overline{M}_{1,2,\overline{w}_{tn}} = \frac{+\,6\cdot 0{,}776\,(1916 - 1150)}{8{,}0^2\cdot 1{,}0} = +55{,}786\ \text{tm}.$$

Momentenausgleich:

Die Systemwerte dieses Ausgleiches (Verteilungszahlen, Verschiebungsfaktoren usw.) sind die gleichen wie beim Ausgleich zur Zeit $t = 0$. Es zeigt sich auch hier, daß die Endmomente des Ausgleiches auf starren Stützen schon gut mit den endgültigen Werten übereinstimmen (Abb. 66).

Momentenausgleich:

Kriechen

$\overline{M}_{1-2} = +11{,}358 + 74{,}211 = 85{,}569$ tm

Ausgleich auf starren Stützen unter Berücksichtigung von $\overline{w}_{tn}$

	0	1		2		3		4		5		6
$\overline{M}_{i,k,tn}$ [tm]	[0]	[+22,565]	[+85,569]	[+56,194]	[+107,552]	[+45,130]	[+71,046]	[+8,992]	[+82,543]	[+3,519]	[+38,447]	[−45,408]
$\overline{Y}_{i,tn}=M_{i,k,tn}$ [tm]	0	−10,408	+10,408	−28,183	+28,183	−20,014	+20,014	−42,153	+42,153	−26,006	+26,006	−51,628

Zusätzlicher Ausgleich auf elastischen Stützen unter Zugrundelegung von $\overline{Y}_{i,tn}$ ($\overline{M}_i = 0$)

	0	1		2		3		4		5		6
$\overline{Y}_{i,tn}=\overline{M}_{i,k,tn}$ [tm]	[0]	[−10,408]	[+10,408]	[−28,183]	[+28,183]	[−20,014]	[+20,014]	[−42,153]	[+42,153]	[−26,006]	[+26,006]	[−51,628]
$Y_{i,tn}=M_{i,k,tn}$ [tm]	0	−10,970	+10,970	−26,953	+26,953	−21,960	+21,960	−39,587	+39,587	−29,282	+29,282	−47,906

Schwinden

Ausgleich auf starren Stützen unter Berücksichtigung von $\overline{w}_{tn}$

	0	1		2		3		4		5		6
$\overline{M}_{i,k,tn}$ [tm]	[0]	[+5,930]	[+79,725]	[+31,847]	[+79,725]	[+31,847]	[+51,832]	[+3,953]	[+51,832]	[+3,953]	[+23,939]	[−23,939]
$\overline{Y}_{i,tn}$ [tm]	0	−22,302	+22,302	−26,535	+26,535	−15,192	+15,192	−28,440	+28,440	−14,684	+14,684	−28,557

Zusätzlicher Ausgleich auf elastischen Stützen unter Zugrundelegung von $\overline{Y}_{i,tn}$ ($\overline{M}_i = 0$)

	0	1		2		3		4		5		6
$\overline{Y}_{i,tn}$ [tm]	[0]	[−22,302]	[+22,302]	[−26,535]	[+26,535]	[−15,192]	[+15,192]	[−28,440]	[+28,440]	[−14,684]	[+14,684]	[−28,567]
$Y_{i,tn}$ [tm]	0	−22,074	+22,074	−26,055	+26,055	−16,540	+16,540	−26,664	+26,664	−16,733	+16,733	−26,357

Abb. 66

3. Berechnung der Einflußlinie für das Stützmoment Y_6.
System (Abb. 67):

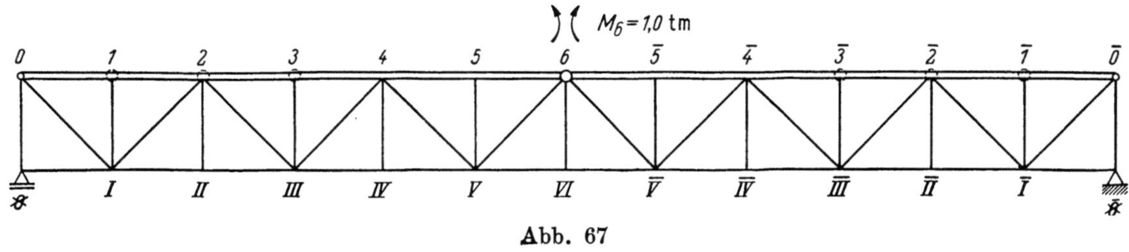

Abb. 67

○ Gelenk, da Knotenpunktsmoment für Zustand M_6 vernachlässigbar klein.

Wirkung von $M_6 = 1{,}0$ tm am Gelenksystem (Abb. 68):

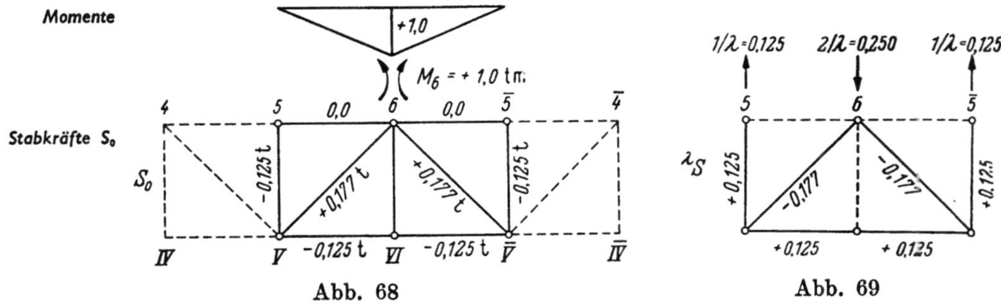

W-Gewichte zur Berechnung der Biegelinie $\overline{w}_0$, z. B.: $E_{st} J_c W_6$ (Abb. 69)

$$E_{st} J_c W_i = \frac{J_c}{F_c}\left[\sum_i {}^\lambda S_i S_0 \frac{F_c}{F_i}\lambda + \sum_i {}^\lambda S_i S_0 \frac{F_c}{F_{st}} s\right],$$

$$E_{st} J_c W_6 = 0{,}164\,[0 + 0{,}125\,(-0{,}125)\,3{,}125 \cdot 8{,}0 \cdot 2 + 0{,}125\,(-0{,}125)\,0{,}625 \cdot 8{,}2 \cdot 2 -$$

$$-\, 0{,}177 \cdot 0{,}177 \cdot 3{,}571 \cdot 11{,}31 \cdot 2],$$

$$E_{st} J_c W_6 = 0{,}164\,[0 - 0{,}781 - 0{,}156 - 2{,}531] = -0{,}567\,.$$

In gleicher Weise erhält man $E_{st} J_c W_5 = E_{st} J_c W_{\bar 5} = +0{,}335$; $E_{st} J_c W_4 = E_{st} J_c W_{\bar 4} = -0{,}064$. Die Momentenlinie der W-Gewichte am Ersatzbalken von der Länge $L = 96{,}0$ m ist gleich der Biegelinie $E_{st} J_c \overline{w}_0$.

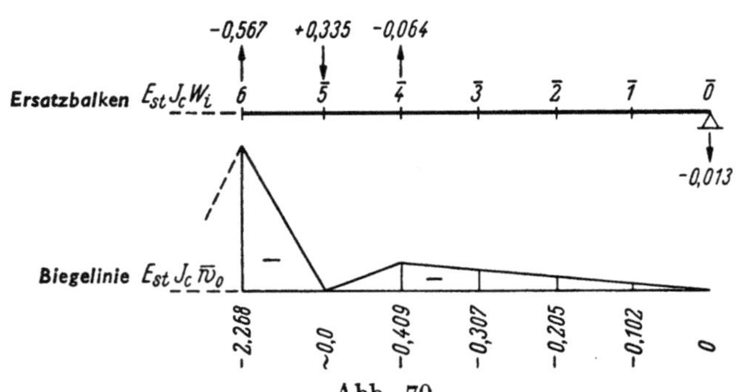

An den Knotenpunkten des biegesteif durchlaufenden Gurtes entstehen nun folgende Starreinspannmomente unter der Annahme, daß die Knotenpunkte gegen Drehung starr gefesselt sind.

Infolge der direkten Wirkung von $M_6 = 1{,}0$ tm auf die Nachbarpunkte:

$$\overline{M}_{5,6,B} = +0{,}500\,\text{tm};$$
$$\overline{M}_{\bar 5,6,B} = -0{,}500\,\text{tm}.$$

Infolge der Biegelinie $\overline{w}_0$, z. B.:

$$\overline{M}_{\bar 5,6,\overline{w}_0} = +\frac{3}{\lambda^2\dfrac{J_c}{J_i}} E_{st} J_c \varDelta\overline{w}_0 = +\frac{3}{8{,}0^2 \cdot 1{,}0}\,2{,}268 = +0{,}106\,\text{tm}.$$

In gleicher Weise erhält man die anderen Starreinspannmomente. Wegen der Symmetrie wird nur die rechte Hälfte des Systems betrachtet.

$$\overline{M}_{\bar 5,4,\overline{w}_0} = \overline{M}_{\bar 4,\bar 5,\overline{w}_0} = -0{,}038\,\text{tm}; \qquad \overline{M}_{\bar 4,\bar 3,\overline{w}_0} = +0{,}005\,\text{tm}.$$

Die weiteren Momente werden wegen ihres geringen Einflusses gleich Null gesetzt, d. h. daß dort die gelenkigen Knotenpunkte des Gelenksystems bestehenbleiben.

Momentenausgleich auf starren Stützen unter Berücksichtigung von $\overline{w}_0$ (Abb. 71):

$$\sum \overline{M}_{\bar 5,6} = \overline{M}_{\bar 5,6,B} + \overline{M}_{\bar 5,6,\overline{w}_0} = -0{,}500 + 0{,}106 = -0{,}394\,\text{tm}.$$

Aus diesen Stützmomenten $\overline{Y}_i$ ergeben sich neue Stabkräfte im Fachwerksystem; für das halbe System (Abb. 72):

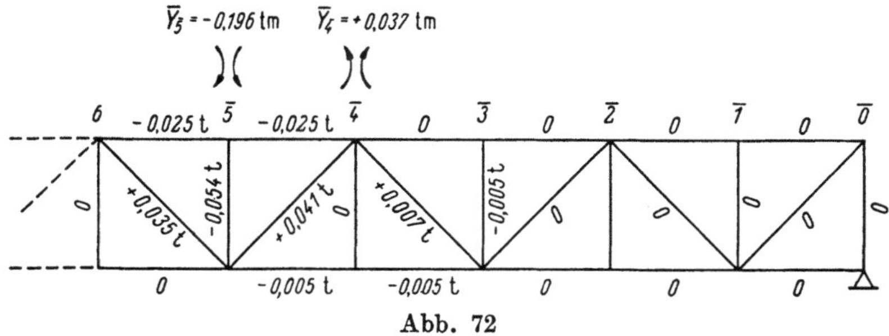

Abb. 72

Man erhält jetzt die Biegelinie $\overline{\overline{w}}_0$ infolge des Einflusses der Stützmomente $\overline{Y}_i$ wieder mit Hilfe von W-Gewichten. Zum Beispiel:

$$E_{st}J_c W_6 = 0{,}164\,[0 + 0{,}125\,(-0{,}054)\,3{,}125 \cdot 8 \cdot 2 - 0{,}177 \cdot 0{,}035 \cdot 3{,}571 \cdot 11{,}31 \cdot 2] = -0{,}136.$$

Die weiteren W-Gewichte ergeben sich zu:

$$E_{st}J_c W_{\bar{5}} = +0{,}134; \qquad E_{st}J_c W_{\bar{4}} = -0{,}072; \qquad E_{st}J_c W_{\bar{3}} = +0{,}008; \qquad E_{st}J_c W_{\bar{2}} = -0{,}002.$$

Die Momentenlinie der W-Gewichte am Ersatzbalken ist wieder gleich der Biegelinie (Abb. 73).

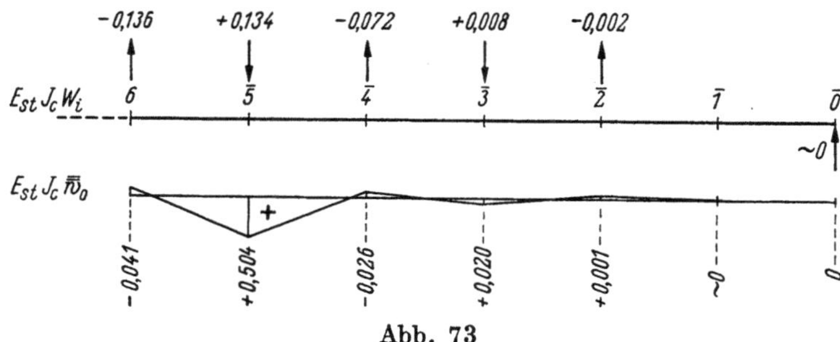

Abb. 73

Die endgültige Biegelinie $w_0 = \overline{w}_0 + \overline{\overline{w}}_0$ des biegesteifen Obergurtes ergibt sich durch Addition der Biegelinien $\overline{w}_0$ und $\overline{\overline{w}}_0$. Zwischen den einzelnen Knotenpunkten des Gurtes müssen noch die örtlichen Biegelinien aus der Wirkung der Stützmomente wie folgt eingehängt werden (Abb. 74).

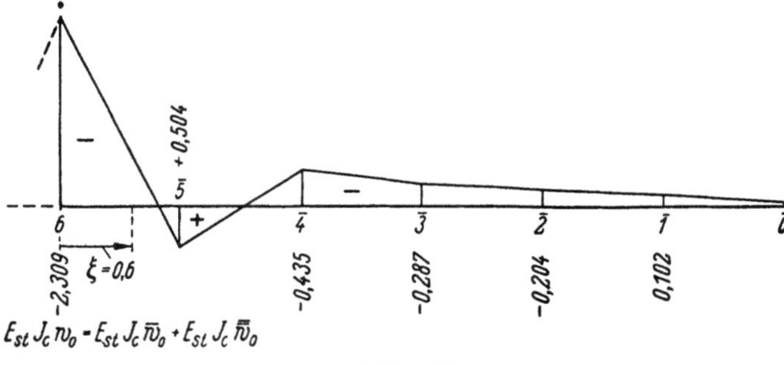

Abb. 74

An der Stelle $\xi = 0{,}6$ zwischen den Knotenpunkten 6 und $\bar{5}$ ergibt sich z. B. folgende Durchbiegungsordinate.

$$w_6 + (w_5 - w_6)\,\xi = -2{,}309 + (0{,}504 + 2{,}309)\,0{,}6 \qquad\qquad = -0{,}621$$

$$\frac{\lambda^2}{6}\left[M_6\,\omega_D + M_5\,\omega_D'\right]\frac{J_c}{J_i} = \frac{8{,}0^2}{6}\,[1{,}0 \cdot 0{,}3360 - 0{,}196 \cdot 0{,}3840]\,1{,}0 \quad = +2{,}781$$

$$E_{st}J_c\,w_{0\,(\xi\,=\,0{,}6)} = +2{,}160$$

Zur Bestimmung der Ordinaten der Einflußlinie muß noch die Klaffung an dem Knotenpunkt 6 infolge $M_6 = 1{,}0$ tm berechnet werden. Sie resultiert aus dem Anteil der Stabkräfte (gleich dem negativen W-Gewicht W_6) und aus den Querschnittsdrehungen infolge der Stützmomente.

$$E_{st}\, J_c\, \varphi_6 = - \,(-0{,}567 - 0{,}136) + 2\left[1{,}0\,\frac{8{,}0}{3} - 0{,}196\,\frac{8{,}0}{6}\right] = +5{,}513;$$

Damit $\qquad \eta_{(\xi = 0{,}6)} = \dfrac{-2{,}160}{5{,}513} = -0{,}392\,\text{m}.$ Genauer Wert: $\eta_{(\xi = 0{,}6)} = -0{,}400\,\text{m}.$

Die vollständige Einflußlinie ist in Abb. 75 gestrichelt eingetragen. Gleicht man die Momente $\bar{Y}_i$ zusätzlich auf den elastischen Stützen aus, so erhält man die genaue ausgezogene Einflußlinie. Abb. 76 zeigt die Einflußlinie für den Untergurtstab $U_{V-\bar{V}}$.

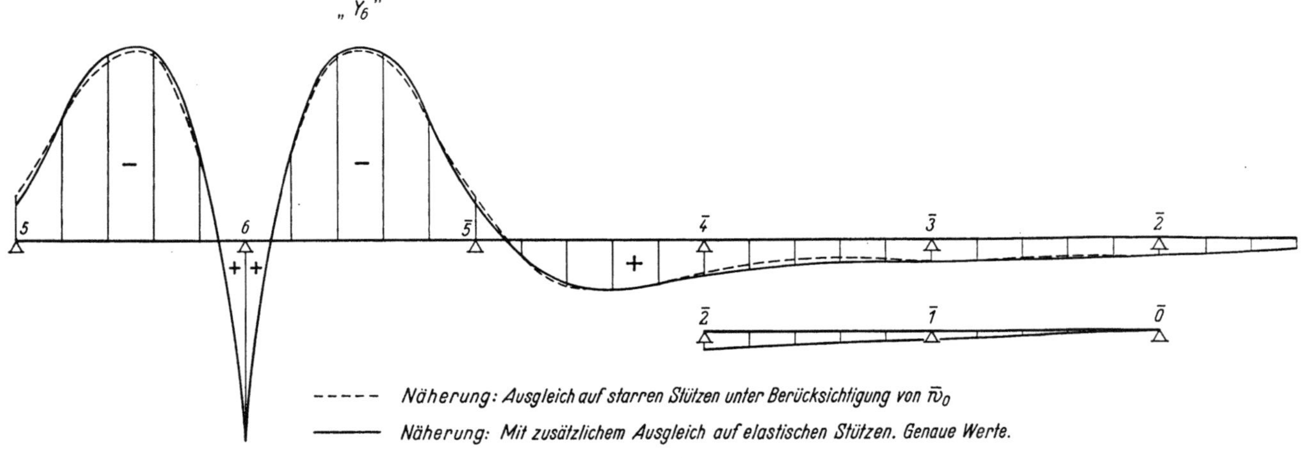

Abb. 75

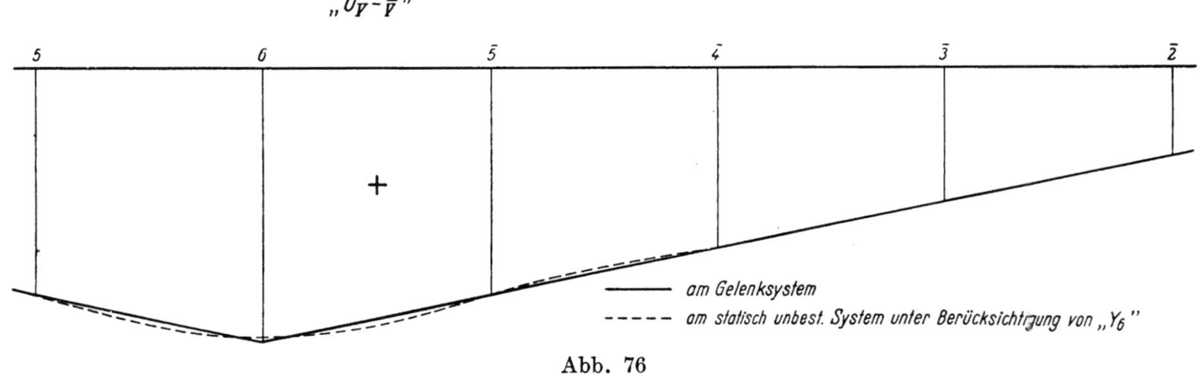

Abb. 76

Beispiel 2. Fachwerkträger als direkt befahrener Kranbahnträger

Krantragkraft 100 t;   Kranbrücke: $l = 24$ m.   Max. Raddruck: 68 t;   Radstand: 5,80 m. System (Abb. 77):

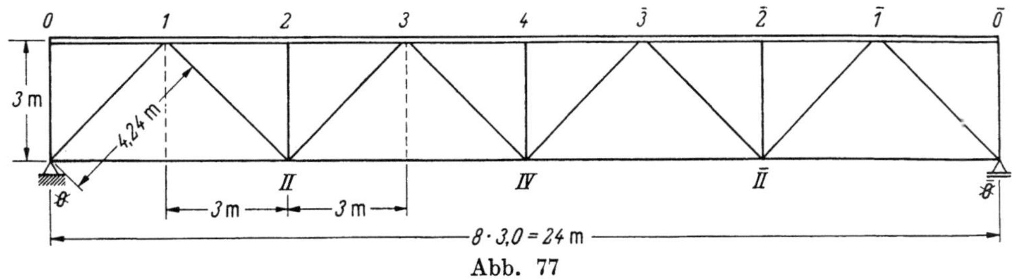

Abb. 77

Tabelle 15. Verhältniswerte

Stab	$\dfrac{J_c}{J}$	$\dfrac{F_c}{F}$	Stab	$\dfrac{F_c}{F}$	Stab	$\dfrac{F_c}{F}$
O_{0-1}	1,2	0,50	D_{0-1}	0,60	$U_{0-\mathrm{II}}$	1,25
O_{1-3}	1,1	0,45	$D_{\substack{1-\mathrm{II}\\ \mathrm{II}-3}}$	0,70	$U_{\mathrm{II}-\mathrm{v}}$	0,83
$O_{3-\bar{3}}$	1,0	0,37	$D_{\substack{3-\mathrm{IV}\\ \mathrm{IV}-\bar{3}}}$	1,00	V	1,67

$$F_c = 100\,\text{cm}^2,$$
$$J_c = 75\,000\,\text{cm}^4,$$
$$\frac{J_c}{F_c} = 0{,}075.$$

a) Berechnung der Einflußlinie des Stützmomentes Y_2. Der Rechnungsgang ist der gleiche wie beim vorhergehenden Beispiel. Die Einflußlinie ist in Abb. 78 dargestellt.

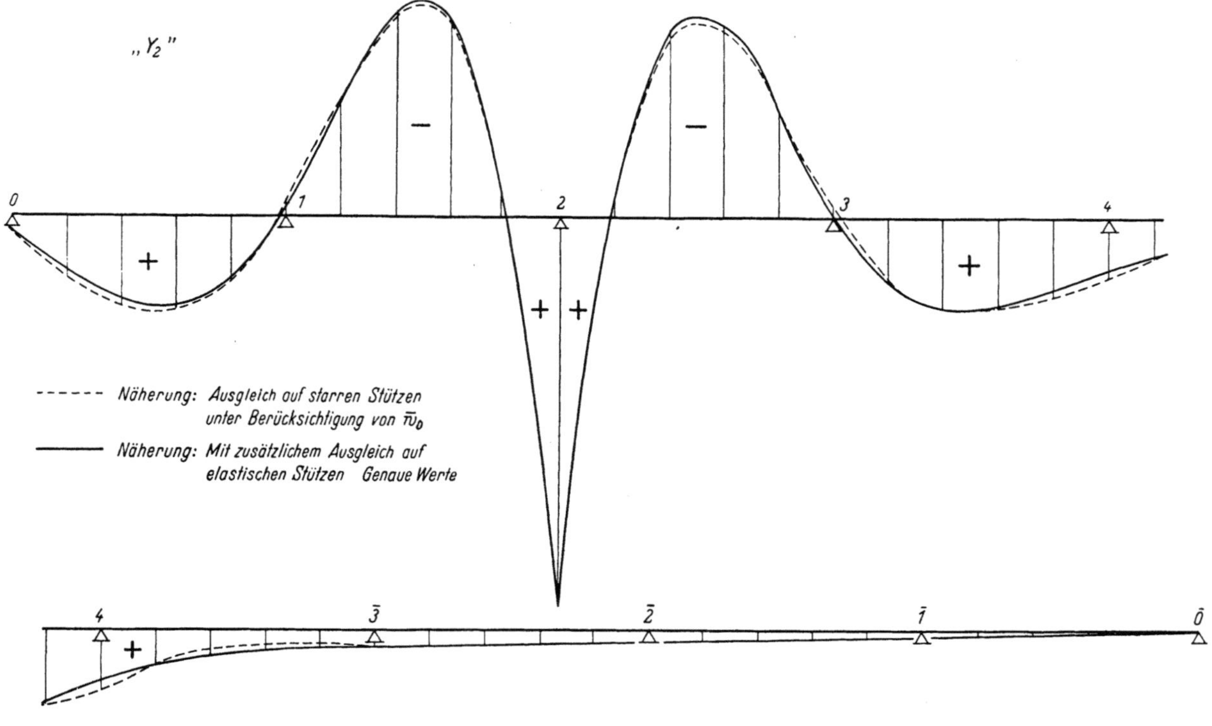

Abb. 78

b) Berechnung der Einflußlinie für das Anschlußmoment $M_{2,\mathrm{II}}$ in dem Pfosten 2—II. ○ Gelenk, da Knotenpunktsmoment für Zustand $M_{2,\mathrm{II}}$ vernachlässigbar klein.

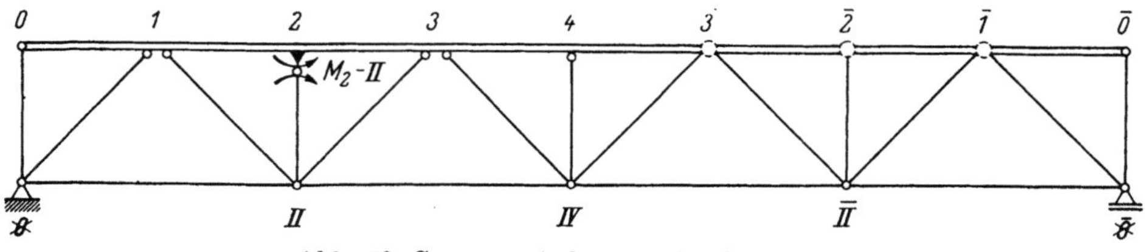

Abb. 79. System mit biegesteifen Lastgurt

In dem biegesteif an den Gurt angeschlossenen Pfosten 2—II wird am Stabende 2 ein Gelenk eingeführt und die Biegelinie des Obergurtes (Lastgurt) für die Belastung $M_{2,\mathrm{II}} = +1{,}0\,\text{tm}$ berechnet.

Dazu werden wieder die Momente des Obergurtes bestimmt, die einerseits aus der direkten Belastung des Gurtes entstehen und anderseits aus den lotrechten Verschiebungen $\overline{w}_0$ der Knotenstützpunkte. Das Moment $M_{2,\,II}$ wirkt am Knotenpunkt 2 als äußeres Belastungsmoment. Zur Berechnung der Biegelinie $\overline{w}_0$ des Obergurtes im statisch bestimmten Gelenksystem wird zunächst näherungsweise angenommen, daß das Moment $M_{2,\,II}$ sich auf die anschließenden Gurtstäbe hälftig verteilt. Es ergibt sich dann eine Momentenverteilung nach Abb. 80 mit den entsprechenden Stabkräften. Mit Hilfe von W-Gewichten wird nun die Biegelinie $\overline{w}_0$ wie folgt ermittelt.

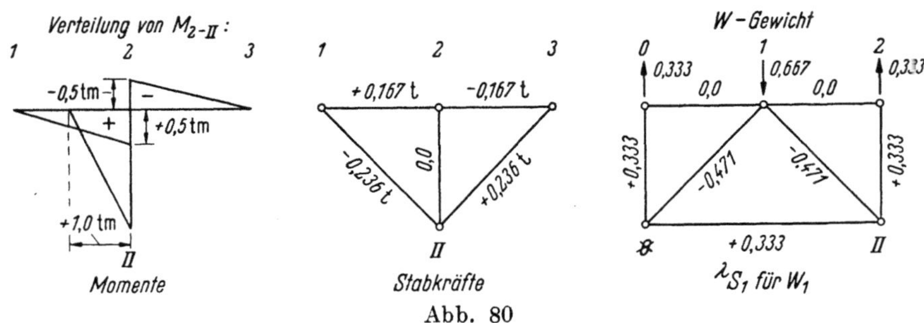

Abb. 80

Man erhält $E_{st}J_c W_1 = -E_{st}J_c W_3 = 0,075\,(-0,471)\,(-0,236)\,0,70\cdot 4,24 = +0,025$ und die Biegelinie $\overline{w}_0$ (Abb. 81):

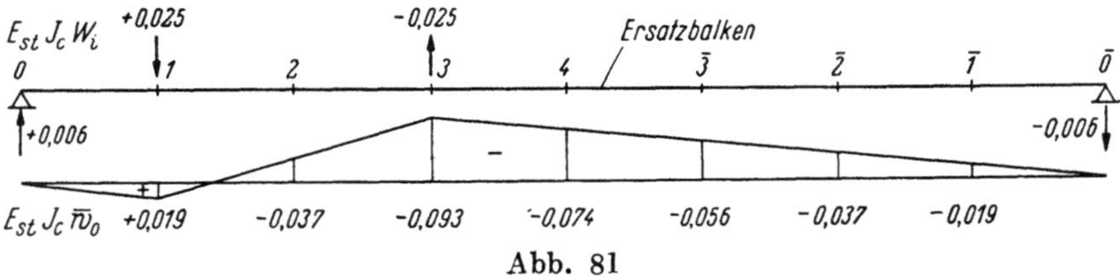

Abb. 81

Aus der Biegelinie $\overline{w}_0$ des Obergurtes ergeben sich an den starr gefesselt gedachten Knotenpunkten folgende Starreinspannmomente:

$$\overline{M}_{1,\,0,\,\overline{w}_0} = +\frac{3}{3,0^2}\,\frac{1}{1,2}\,0,019 = +0,005\,\text{tm};\qquad \overline{M}_{1,\,2,\,\overline{w}_0} = \overline{M}_{2,\,1,\,\overline{w}_0} = -0,034\,\text{tm};$$

$$\overline{M}_{2,\,3,\,\overline{w}_0} = \overline{M}_{3,\,2,\,\overline{w}_0} = -0,034\,\text{tm};\qquad \overline{M}_{3,\,4,\,\overline{w}_0} = \overline{M}_{4,\,3,\,\overline{w}_0} = +0,012\,\text{tm}$$

$$\text{und}\quad \overline{M}_{4,\,\overline{3},\,\overline{w}_0} = +0,006\,\text{tm}.$$

Der Momentenausgleich erfolgt nun wieder auf gedachten starren Knotenstützpunkten unter Berücksichtigung des äußeren Knotenmomentes $M_2 = -1,0$ tm und unter Berücksichtigung der Starreinspannmomente aus der Biegelinie $\overline{w}_0$.

Momentenausgleich (Abb. 82):

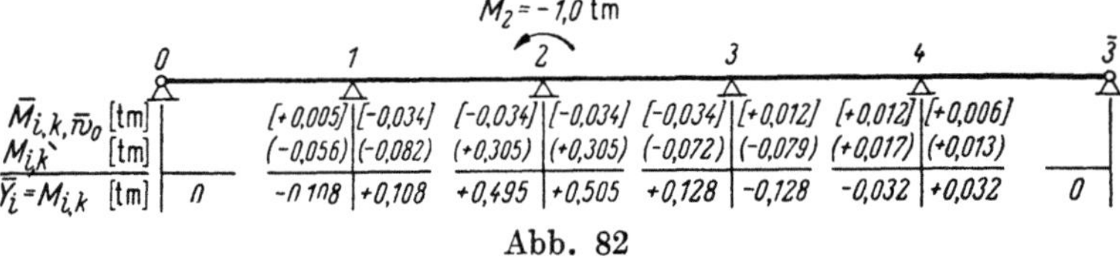

Abb. 82

Mit den Momenten $\overline{Y}_i$ und deren Stabkräften ergibt sich die endgültige Biegelinie w_0. Durch Anwendung des Reduktionssatzes erhält man die Klaffung $E_{st}J_c\varphi_{2,\,II} = +19{,}274$ am Angriffspunkt des Momentes $M_{2,\,II}$.

Werden die Ordinaten der Biegelinie durch den Wert $-E_{st}J_c\varphi_{2,\,\mathrm{II}}$ dividiert, so erhält man die in Abb. 83 dargestellte gestrichelte Einflußlinie. Gleicht man die Momente $\overline{Y}_i$ zusätzlich auf den elastischen Nachgiebigkeiten der Knotenstützpunkte aus, dann ergibt sich die ausgezogene Einflußlinie. Diese deckt sich mit der Einflußlinie, die eine genaue Rechnung liefert.

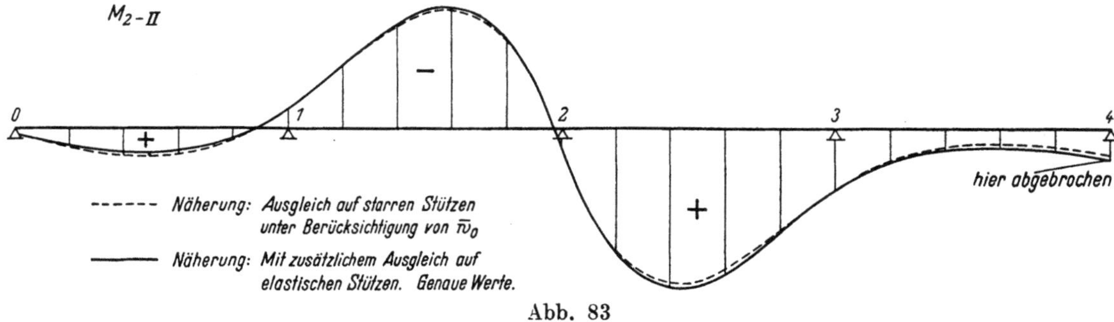

Abb. 83

F. Berechnung von äußerlich statisch unbestimmt gelagerten Fachwerkträgern mit einem Verbundträgerlastgurt

Allgemeines

Bei Fachwerkträgern, die sich über mehrere Öffnungen spannen, treten neben den statisch unbestimmten Stützmomenten Y_i des durchlaufenden Verbundgurtes zusätzlich statisch unbestimmte Größen $X_n (n = a, b, c \ldots)$ auf, wenn das Gesamtsystem äußerlich statisch unbestimmt gelagert ist. Diese statisch unbestimmten Größen X_i lassen sich in sehr guter Näherung unter Vernachlässigung der Biegesteifigkeit des Verbundgurtes aus Elastizitätsgleichungen bestimmen, da die Stützmomente Y_i die Stabkräfte und damit die Verformungen nur unwesentlich beeinflussen. Die Berechnung der Momente des Verbundgurtes Y_i erfolgt dann nachträglich am statisch unbestimmten Gelenksystem.

1. Berechnung der statisch Unbestimmten $X_{i,\,t=0}$ zur Zeit $t=0$ infolge ständiger Last (Eigengewicht und Vorspannung)

Statisch bestimmtes Grundsystem. Die Berechnung der Unbekannten X_i erfolgt in üblicher Weise durch Aufstellen der Elastizitätsgleichungen. Mit den Stabkräften aus Eigen-

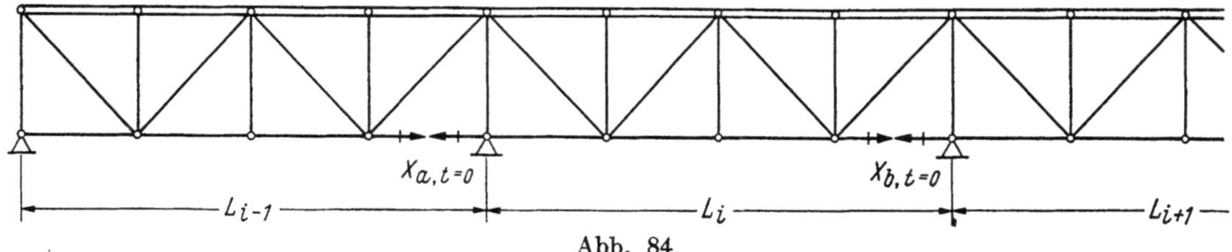

Abb. 84

gewicht ${}^{G}S_0$ und Vorspannung ${}^{V}S_0$ erhält man die Verformungsglieder der Elastizitätsgleichungen:

$$E_{st}J_c\delta_{aB,\,t=0} = \frac{J_c}{F_c}\left\{\sum S_a\,({}^{G}S_0 + {}^{V}S_0)\frac{F_c}{F_i}\lambda + \left|\sum S_a\,{}^{G}S_0\frac{F_c}{F_{st}}s\right\} + \sum \int\limits_0^l S_a\,\overline{r}\,{}^{G}M_0\frac{\overline{J_c}}{\overline{J_i}}ds, \qquad \text{(F. 1.1)}$$

$$E_{st}J_c\delta_{ab,\,t=0} = \frac{J_c}{F_i}\left\{\sum S_a\,S_b\frac{F_c}{F_i}\lambda + \sum S_a\,S_b\frac{F_c}{F_{st}}s\right\}. \qquad \text{(F. 1.2)}$$

Das Glied mit $\overline{r}$ kann wieder vernachlässigt werden. Für die Stabkräfte des Verbundgurtes ist der Querschnitt F_i mit ${}^{N}b_m$ anzusetzen.

2. Berechnung der Stützmomente $Y_{i,t=0}$ des durchlaufenden Verbundgurtes infolge ständiger Last

Es werden zunächst wie in Abschn. E die Starreinspannmomente aus der direkten Gurtbelastung ermittelt. Die Starreinspannmomente aus den Knotenverschiebungen werden nun aus der Biegelinie des Verbundgurtes im statisch unbestimmten Gelenksystem bestimmt, und zwar unter Berücksichtigung der Stabkräfte $S = S_0 + \sum_i X_{i,t=0} S_i$. Der Rechnungsgang ist dann der gleiche, wie im Abschn. E beschrieben. Zunächst Momentenausgleich am um $\overline{w}_0$ durchgebogenen Verbundgurt auf starren Stützen und dann Verbesserung der Endmomente durch Berücksichtigung der elastischen Nachgiebigkeit der Knotenpunkte.

Durch Überlagerung erhält man dann die endgültigen Schnittkräfte zur Zeit $t = 0$.

$$\left.\begin{aligned}
\tilde{M}_0 &= M_0 + \sum_i Y_{i,t=0} M_i, \\
\tilde{N}_0 &= N_0 + \sum_i Y_{i,t=0} N_i + \sum_n X_{n,t=0} N_n, \\
\tilde{S}_0 &= S_0 + \sum_i Y_{i,t=0} S_i + \sum_n X_{n,t=0} S_n.
\end{aligned}\right\} \qquad \text{(F.\,2.1)}$$

3. Berechnung der statisch Unbestimmten $X_{n,tn}$ zur Zeit t_n infolge Kriechen und Schwinden

Am ideellen statisch bestimmten Grundsystem werden die Endverformungen aus dem Kriecheinfluß unter den ständig wirkenden Momenten $\tilde{M}_0$, den Längskräften $\tilde{N}_0$ und N_{sch} bestimmt. Dazu ist der Hilfszustand $\mathfrak{X}_n = 1$ am Stahlfachwerk (s. Abb. 48) anzubringen. Durch die Exzentrizität des Stahlträgers im Verbundgurt entsteht wieder wie im Abschn. E. 5. b ein Moment $\mathfrak{M}_n = \mathfrak{S}_n r_{st}$. Die Verformungen ergeben sich dann zu:

$$E_{st} J_c \,\overline{\delta}_{aB,tn} = \sum_{(\overline{VB})} \left\{ \int_0^\lambda \mathfrak{M}_a \tilde{M}_0 \,{}^M\varkappa_{M,st} \frac{J_c}{J_{st}} ds + \int_0^\lambda \mathfrak{M}_a \tilde{N}_0 \,{}^N\varkappa_{M,st} \frac{J_c}{J_{st}} ds + \right.$$

$$\left. + \frac{J_c}{F_c} \int_0^\lambda \mathfrak{N}_a \tilde{M}_0 \,{}^M\varkappa_{N,st} \frac{F_c}{F_{st}} ds + \frac{J_c}{J_{st}} \int_0^\lambda \mathfrak{N}_a \tilde{N}_0 \,{}^N\varkappa_{M,st} \frac{F_c}{F_{st}} ds \right\} \quad \text{usw.} \qquad \text{(F.\,3.1)}$$

$\sum_{(\overline{VB})}$ = Summe über alle Verbundgurte. $\quad \sum_i Y_{i,t=0} N_i$ vernachlässigt.

$$E_{st} J_c \delta_{as,tn} = \sum_{(\overline{VB})} \left\{ \int_0^\lambda \mathfrak{M}_a N_{sch} \,{}^s\varkappa_{M,st} \frac{J_c}{J_{st}} ds + \frac{J_c}{F_c} \int_0^\lambda \mathfrak{N}_a N_{sch} \,{}^s\varkappa_{N,st} \frac{F_c}{F_{st}} ds \right\} \quad \text{usw.} \qquad \text{(F.\,3.2)}$$

Die Verformungen infolge $X_{n,tn}$, die wieder linear mit φ_t anwachsend angenommen werden, erhält man zu:

$$E_{st} J_c \delta_{ab,tn} = \frac{J_c}{F_c} \sum_{(\overline{VB})} N_a N_b \frac{F_c}{F_i} \lambda + \frac{J_c}{F_c} \sum_{\text{Stahl}} S_a S_b \frac{F_c}{F_{st}} s + \sum_{(\overline{VB})} \left\{ \int_0^\lambda \mathfrak{M}_a N_b ({}^N\varkappa_{M,st}) \cdot \right.$$

$$\left. \cdot \frac{J_c}{J_{st}} ds + \frac{J_c}{F_c} \int_0^\lambda \mathfrak{N}_a N_b ({}^N\varkappa_{N,st}) \frac{F_c}{F_{st}} ds \right\}. \qquad \text{(F.\,3.3)}$$

Bei vorgespannten Gurten sind die Verformungen entsprechend E. 5. b zu berechnen. Durch Auflösen der Gleichungen erhält man die $X_{n,tn}$, wobei die gleichzeitig entstehenden

$Y_{i,tn}$ vernachlässigt sind. Unter Berücksichtigung der Längskräfte $^{\Sigma X_{tn}}N = \sum\limits_{n} X_{n,tn} N_n$ und Stabkräfte $^{\Sigma X_{tn}}S = \sum\limits_{n} X_{n,tn} S_n$ werden diese nun wie folgt berechnet.

4. Berechnung der Stützmomente $Y_{i,tn}$ des durchlaufenden Verbundgurtes

Die Momente $Y_{i,tn}$ lassen sich nun in gleicher Weise wie im Abschn. E. 5 bestimmen. Es muß nur der zusätzliche Einfluß der schon gewonnenen $X_{n,tn}$ erfaßt werden.

a) Starreinspannmomente infolge Drehung der Querschnitte des Verbundgurtes. Die Starreinspannmomente errechnen sich nach der Gl. (E. 5.3), wobei jetzt folgende Verformungen einzusetzen sind:

$$E_{st} J_c \delta_{iB,tn} = \int\limits_0^\lambda M_i \tilde{M}_0\, {}^M\bar{\varkappa}_{M,st} \frac{J_c}{J_{st}}\, ds + \int\limits_0^\lambda M_i \tilde{N}_0\, {}^N\varkappa_{M,st} \frac{J_c}{J_{st}}\, ds + \int\limits_0^\lambda M_i N_{\text{sch}}\, {}^S\varkappa_{M,st} \frac{J_c}{J_{st}}\, ds +$$

$$+ \int\limits_0^\lambda M_i\, {}^{\Sigma X_{tn}}N\,({}^N\varkappa_{M,st}) \frac{J_c}{J_{st}}\, ds; \tag{F. 4.1}$$

entsprechend ergibt sich $E_{st} J_c \delta_{kB,tn}$.

Bei der Längskraft $\tilde{N}_0$ wird der Anteil $\sum\limits_i Y_{i,t=0} N_i$ vernachlässigt.

b) Starreinspannmomente aus den Knotenverschiebungen zur Zeit $t = t_n$. Bei der Berechnung der W-Gewichte zur Zeit $t = t_n$ ist jetzt ebenfalls der Einfluß der $X_{n,tn}$ wie folgt zu berücksichtigen:

$E_{st} J_c W_{i,tn}$ errechnet sich zunächst nach der Gl. (E. 5.4). Infolge eines $X_{n,tn}$ erhält man zusätzlich:

$$E_{st} J_c\, {}^{X_{n,tn}}W_{i,tn} = \frac{J_c}{F_c} \sum\limits_{(\text{VB})} {}^\lambda S\, {}^{X_{n,tn}}N \frac{F_c}{F_i}\, \lambda + \frac{J_c}{F_c} \sum\limits_{(\text{st})} {}^\lambda S\, {}^{X_{n,tn}}S \frac{F_c}{F_{st}}\, s +$$

$$+ \sum\limits_{(\text{VB})} \int\limits_0^\lambda {}^\lambda M\, {}^{X_{n,tn}}N\,({}^N\varkappa_{M,st}) \frac{J_c}{J_{st}}\, ds + \frac{J_c}{F_c} \sum\limits_{(\text{VB})} \int\limits_0^l {}^\lambda S\, {}^{X_{n,tn}}N\,({}^N\varkappa_{N,st}) \frac{F_c}{F_{st}}\, ds. \tag{F. 4.2}$$

Die weitere Rechnung erfolgt dann wie im Abschn. E. 5. b und E. 5. c.

5. Berechnung der Einflußlinien

Die Einflußlinien für die unbekannten Stabkräfte X_n lassen sich in guter Annäherung am Gelenksystem in üblicher Weise bestimmen, da der Einfluß der durchgehenden Biegesteifigkeit des Verbundgurtes gering ist. Werden aber die Starreinspannmomente aus der Biegelinie des Verbundgurtes ermittelt und ausgeglichen, so erhält man praktisch die genaue ausgerundete Einflußlinie.

Zur Bestimmung der Einflußlinien der Stützmomente Y_i des Verbundgurtes wird zunächst am statisch bestimmten Gelenksystem $M_i = 1{,}0$ tm aufgebracht, zu dieser Belastung werden die Unbekannten $^{M_i}X_n$ berechnet. Dann werden, wie in Abschn. E. 6 beschrieben, die Starreinspannmomente infolge $M_i = 1{,}0$ tm und infolge der Knotenverschiebungen des Verbundgurtes im jetzt statisch unbestimmten Gelenksystem ermittelt und am Verbundgurt ausgeglichen. Es genügt wieder vollkommen, wenn man die Biegesteifigkeit des Verbundgurtes auf 3 Felder links und rechts vom Lastangriff beschränkt. Unter Berücksichtigung der Unbekannten $^{M_i}X_n$ und $^{M_i}Y_i$ wird dann die endgültige Biegelinie berechnet, die mit dem Faktor $-\dfrac{1}{\varphi_i}$ reduziert, die Einflußlinie ergibt. Die Klaffung φ_i erhält man wieder durch Anwendung des Reduktionssatzes.

Prinzipbeispiel zur Berechnung von äußerlich statisch unbestimmt gelagerten Fachwerkträgern mit Verbundgurt

Fachwerkträger mit konstantem Verbundobergurt über zwei Öffnungen

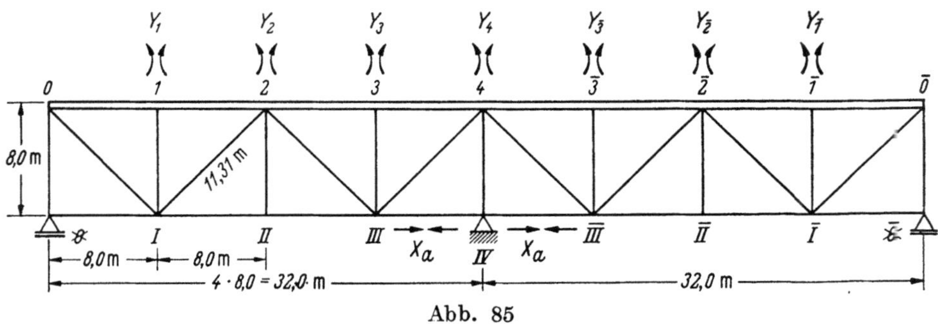

Abb. 85

Tabelle 16. Querschnitt des Verbundgurtes wie in Kap. E Beispiel 1

Stab	$\dfrac{F_c}{F_{st}}$ bzw. $\dfrac{F_c}{F_i}$	Stab	$\dfrac{F_c}{F_{st}}$	Stab	$\dfrac{F_c}{F_{st}}$
$U_{0-\mathrm{I}}$	1,50	$D_{0-\mathrm{I}}$	1,50	V_{0-0}	2,0
$U_{\mathrm{I}-\mathrm{III}}$	1,50	$D_{\mathrm{I}-2}$	2,0	$V_{1-\mathrm{I}}$	3,0
$U_{\mathrm{III}-\overline{\mathrm{III}}}$	1,0	$D_{2-\mathrm{III}}$	2,0	$V_{3-\mathrm{III}}$	3,0
0	0,142	$D_{\mathrm{III}-4}$	1,0	$V_{4-\mathrm{IV}}$	1,0

$$E_b = 350000 \ \text{kg/cm}^2,$$
$$\varepsilon_s = 15 \cdot 10^{-5},$$
$$\varphi_n = 2,0,$$
$$\frac{J_c}{J_{st}} = 13,087,$$
$$\frac{J_c}{F_c} = 0,164 \ \text{m}^2.$$

Verbundgurt: $\quad g \approx 4,50$ t/m; $\qquad p = 2,64$ t/m
Stahlfachwerk: $\quad g \approx 1,0$ t/m; $\qquad \boldsymbol{P} = 49,27$ t $\Big\}$ Brückenklasse 60.

1. Bestimmung von $^G X_{a,t=0}$.

Stabkräfte $^G S_0$ für halbes System (Abb. 86):

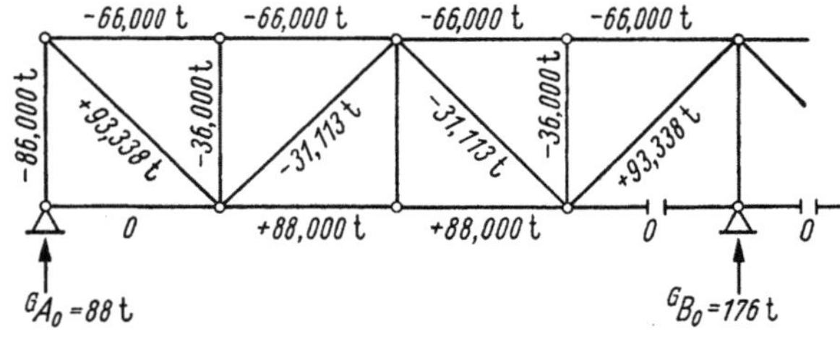

Abb. 86

Stabkräfte S_a infolge $^G X_{a,t=0} = 1,0$ t (Abb. 87).

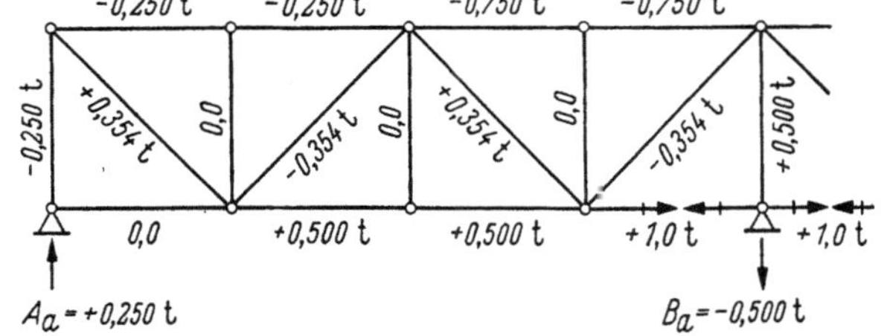

Abb. 87

Damit ergibt sich: $\quad E_{st} J_c \delta_{aa} = 8,728; \quad E_{st} J_c \delta_{aG} = +456,761,$

$$^G X_{a,t=0} = -\frac{456,761}{8,728} = -52,333 \ \text{t}.$$

Die Abweichung zum genauen Wert $^G X_{a,t=0} = -50,803$ t unter Berücksichtigung der Y_i beträgt 2,7 %.

2. Berechnung der $^G Y_{i,t=0}$. a) Starreinspannmomente aus der direkten Gurtbelastung.

$$\overline{M}_{1,0,B} = -\frac{g\lambda^2}{8} = -\frac{4,5 \cdot 8,0^2}{8} = -36,0 \ \text{tm},$$

alle anderen $\quad \overline{M}_{i,k,B} = +\dfrac{g\lambda^2}{12} = +\dfrac{4,5 \cdot 8,0^2}{12} = +24,0 \ \text{tm}; \quad \overline{M}_{k,i,B} = -24,0 \ \text{tm}.$

b) Starreinspannmomente infolge der Knotenverschiebungen $\overline{w}_0$:

$$E_{st}J_c W_i = \frac{J_c}{F_c}\left\{\sum {}^{\lambda}S_i[{}^G S_0 + {}^G X_a S_a]\frac{F_c}{F_i}\lambda + \sum {}^{\lambda}S_i[{}^G S_0 + {}^G X_a S_a]\frac{F_c}{F_{st}}s\right\}$$

z. B.

$$E_{st}J_c W_1 = 0,164\{2(-0,125)[-66,000 - 0,250(-52,333)]0,142\cdot 8,0 +$$
$$+ 0,177[93,338 + 0,354(-52,333)]1,500\cdot 11,31 +$$
$$+ 0,177[(-31,113) - 0,354(-52,333)]2,00\cdot 11,31 -$$
$$- 0,250[(-36,000) + 0]3,0\cdot 8,0\}$$

$$E_{st}J_c W_1 = +66,426; \qquad E_{st}J_c W_2 = 35,804; \qquad E_{st}J_c W_3 = +40,805.$$

Mit

$$E_{st}J_c \overline{w}_0 = 0,164(-86,000 - 52,333\cdot 0,250)(-1,0)8,0\cdot 2,0 = +191,333; \qquad E_{st}J_c \overline{w}_4 = +259,995$$

erhält man

$$E_{st}J_c \overline{w}_1 = +831,879; \qquad E_{st}J_c \overline{w}_2 = +941,018; \qquad E_{st}J_c \overline{w}_3 = +763,725.$$

Aus den Differenzen der Knotenverschiebungen errechnen sich die Starreinspannmomente $\overline{M}_{i,k,\overline{w}_0}$:

$$M_{1,0,\overline{w}_0} = +\frac{3}{\lambda^2\frac{J_c}{\overline{J}_i}}E_{st}J_c\varDelta\overline{w}_0 = \frac{3}{8,0^2\cdot 1,0}640,546 = 30,026\,\text{tm},$$

$$\overline{M}_{1,2,\overline{w}_0} = \overline{M}_{1,2,\overline{w}_0} = +10,232\,\text{tm}; \qquad \overline{M}_{2,3,\overline{w}_0} = \overline{M}_{3,2,\overline{w}_0} = -16,621\,\text{tm};$$

$$\overline{M}_{3,4,\overline{w}_0} = \overline{M}_{4,3}\overline{w}_0 = -47,225\,\text{tm}.$$

c) Momentenausgleich.

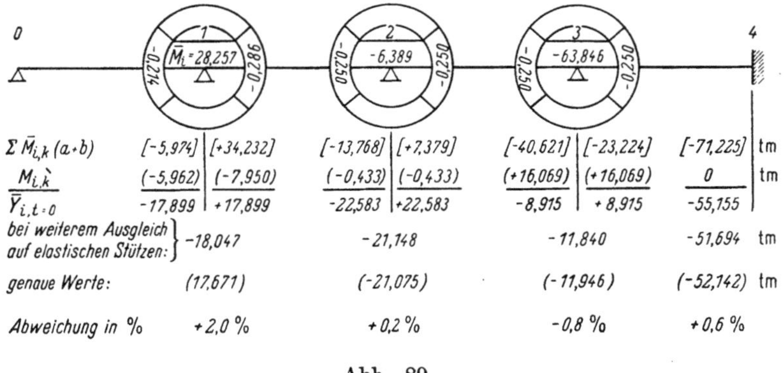

Abb. 89

In diesem Beispiel erfolgt die Berechnung der zeitabhängigen Unbekannten nur für Schwinden!

3. Berechnung von $X_{a,tn}$ aus Schwinden.

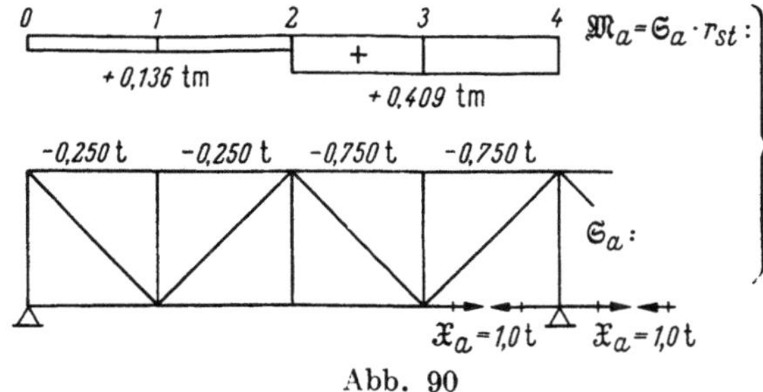

$\mathfrak{M}_a = \mathfrak{S}_a\cdot r_{st}:$ $r_{st} = 0,5448\,\text{m}.$

Hilfszustand $X_a = 1,0$ am Stahlfachwerkträger.

Halbes System:

$$N_{sch} = \varepsilon_s E_b F_b = 15\cdot 10^{-5}\cdot 350000\cdot 20000 = 1050\,\text{t},$$
$${}^S\varkappa_{M,st} = 0,002244\,\text{m}; \qquad {}^S\varkappa_{N,st} = -0,015390.$$

Nach Gl. (F. 3.2)

$$E_{st}\, J_c\, \delta_{a\,s,tn} = \sum_{(VB)} \left\{ \int_0^\lambda \mathfrak{M}_a\, N_{\mathrm{sch}}\,{}^S\varkappa_{M,\,st}\, \frac{J_c}{J_{st}}\, ds + \frac{J_c}{F_c} \int_0^\lambda \mathfrak{N}_a\, N_{\mathrm{sch}}\,{}^S\varkappa_{N,\,st}\, \frac{F_c}{F_{st}}\, ds \right\}; \qquad \frac{F_c}{F_{st}} = 2{,}703.$$

$$E_{st}\, J_c\, \delta_{a\,s,tn} = 4\{(0{,}136 + 0{,}409)\, 1050 \cdot 0{,}002\,244 \cdot 13{,}087 \cdot 8{,}0 +$$
$$+ 0{,}164\,[(-0{,}250 - 0{,}750)\, 1050\,(-0{,}015\,390)\, 2{,}703 \cdot 8{,}0]\}$$
$$= 537{,}592 + 228{,}893 = {} + 766{,}485.$$

Nach Gl. (F. 3.3) $E_{st}\, J_c\, \delta_{ab,tn} = \dfrac{J_c}{F_c} \sum_{(VB)} N_a\, N_b\, \dfrac{F_c}{F_i}\, \lambda + \dfrac{J_c}{F_c} \sum_{\mathrm{Stahl}} S_a\, S_b\, \dfrac{F_c}{F_{st}}\, s +$

$$+ \sum_{(VB)} \left\{ \int_0^\lambda \mathfrak{M}_a\, N_b\,({}^N\varkappa_{M,\,st})\, \frac{J_c}{J_{st}}\, ds + \frac{J_c}{F_c} \int_0^\lambda \mathfrak{N}_a\, N_b\,({}^N\varkappa_{N,\,st})\, \frac{F_c}{F_{st}}\, ds \right\},$$

am Querschnitt F_i mit ${}^N b_m$ ergeben sich bei linear ansteigender Längskraft für $q_n = 2{,}0$

$$({}^N\varkappa_{M,\,st}) = {} - 0{,}002\,040\,\mathrm{m}; \qquad ({}^N\varkappa_{N,\,st}) = {} + 0{,}016\,190.$$

$$E_{st}\, J_c\, \delta_{aa,tn} = 8{,}728 +$$
$$+ 4\,\{[0{,}136\,(-0{,}250) + 0{,}409\,(-0{,}750)]\,(-0{,}002\,040)\, 13{,}087 \cdot 8{,}0 +$$
$$+ 0{,}164\,[(-0{,}250)\,(-0{,}250) + (-0{,}750)\,(-0{,}750)]\, 0{,}016\,190 \cdot 2{,}703 \cdot 8{,}0\}$$
$$= 8{,}728 + 0{,}434 = 9{,}162,$$

damit ergibt sich

$$X_{a,tn} = {} - \frac{E_{st}\, J_c\, \delta_{a,s,tn}}{E_{st}\, J_c\, \delta_{a,a,tn}} = {} - \frac{766{,}485}{9{,}162} = {} - 84{,}750\,\mathrm{t}.$$

Die Abweichung zur genauen Rechnung beträgt etwa 1 %.

4. Berechnung der $Y_{i,tn}$ **aus Schwinden.** a) Starreinspannmomente aus Drehung der Verbundquerschnitte.

Nach Gl. (F. 4.1) $E_{st}\, J_c\, \delta_{ts,tn} = \displaystyle\int_0^\lambda M_i\, N_{\mathrm{sch}}\,{}^S\varkappa_{M,\,st}\, \frac{J_c}{J_{st}}\, ds + \int_0^\lambda M_i{}^{X_{a,tn}} N({}^N\varkappa_{M,\,st})\, \frac{J_c}{J_{st}}\, ds.$

Zum Beispiel Feld $1-2$:

$$E_{st}\, J_c\, \delta_{1\,s,tn} = \frac{1}{2}\, 1{,}0 \cdot 1050 \cdot 0{,}002\,244 \cdot 13{,}087 \cdot 8{,}0 +$$
$$+ \frac{1}{2}\, 1{,}0\,(-0{,}250)\,(-84{,}750)\,(-0{,}002\,040)\, 13{,}087 \cdot 8{,}0$$
$$= 123{,}346 - 2{,}263 = {} + 121{,}083 = E_{st}\, J_c\, \delta_{2\,s,in}.$$

Nach Gl. (E. 5.3)

$$\overline{M}_{i,k,s,tn} = \frac{2\,\nu_{i,k}}{\lambda\, \dfrac{J_c}{\bar{J}_i}}\, (2\, E_{st}\, J_c\, \delta_{is,tn} - E_{st}\, J_c\, \delta_{ks,tn}).$$

$$\overline{M}_{1,2,s,tn} = \frac{2 \cdot 0{,}776}{8{,}0 \cdot 1{,}0}\, (2 \cdot 121{,}083 - 121{,}083) = {} + 23{,}500\,\mathrm{tm} = {} - \overline{M}_{2,1,s,tn}.$$

b) Starreinspannmomente aus den Knotenverschiebungen zur Zeit $t = t_n$. W-Gewicht zur Zeit $t = t_n$ [nach Gl. (E. 5.4) und Gl. (F. 4.3)]:

$$E_{st}\, J_c\, W_{t,tn} = \sum_{(VB)} \int_0^\lambda {}^\lambda M\, N_{\mathrm{sch}}\,{}^S\varkappa_{M,\,st}\, \frac{J_c}{J_{st}}\, ds + \frac{J_c}{F_c} \sum_{(VB)} \int_0^\lambda {}^\lambda N\, N_{\mathrm{sch}}\,{}^S\varkappa_{N,\,st}\, \frac{F_c}{F_{st}}\, ds +$$

$$+ \frac{J_c}{F_c} \sum_{(VB)} {}^\lambda N{}^{X_{a,tn}} N\, \frac{F_c}{F_i}\, \lambda + \frac{J_c}{F_c} \sum_{\mathrm{Stahl}} {}^\lambda S{}^{X_{a,tn}} S\, \frac{F_c}{F_{st}}\, s +$$

$$+ \sum_{VB)} \int_0^\lambda {}^\lambda M{}^{X_{a,tn}} N\,({}^N\varkappa_{M,\,st})\, \frac{J_c}{J_{st}}\, ds + \frac{J_c}{F_c} \sum \int_0^\lambda {}^\lambda N{}^{X_{a,tn}} N\,({}^N\varkappa_{N,\,st})\, \frac{F_c}{F_{st}}\, ds.$$

Zum Beispiel $E_{st} J_c W_{1,tn}$:

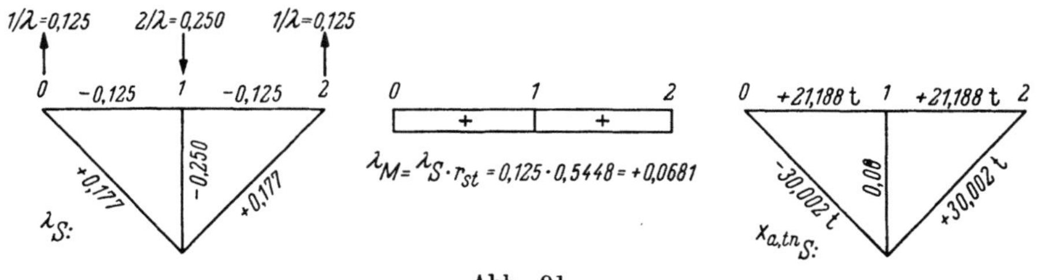

Abb. 91

$$E_{st} J_c W_{1,tn} = 0{,}00681 \cdot 1050 \cdot 0{,}002\,244 \cdot 13{,}087 \cdot 8{,}0 \cdot 2 +$$
$$+ 0{,}164(-0{,}125)\,1050\,(-0{,}015\,390)\,2{,}703 \cdot 8{,}0 \cdot 2 +$$
$$+ 0{,}164(-0{,}125)\,21{,}188 \cdot 0{,}142 \cdot 8{,}0 \cdot 2 +$$
$$+ 0{,}164 \cdot 0{,}177\,(-30{,}002)\,1{,}5 \cdot 11{,}31 + 0{,}164 \cdot 0{,}177 \cdot 30{,}002 \cdot 2{,}0 \cdot 11{,}31 +$$
$$+ 0{,}0681 \cdot 21{,}188\,(-0{,}002\,040)\,13{,}087 \cdot 8{,}0 \cdot 2 +$$
$$+ 0{,}164(-0{,}125)\,21{,}188 \cdot 0{,}016\,190 \cdot 2{,}703 \cdot 8{,}0 \cdot 2$$
$$= 33{,}599 + 14{,}306 - 0{,}987 - 14{,}775 +$$
$$+ 19{,}700 - 0{,}616 - 0{,}304 = +50{,}911\,.$$

In gleicher Weise erhält man:

$$E_{st} J_c W_{2,tn} = -20{,}848 \quad \text{und} \quad E_{st} J_c W_{3,tn} = +32{,}360\,.$$

Mit diesen W-Gewichten ergibt sich die Biegelinie $\overline{w}_{tn}$:

$$E_{st} J_c \overline{w}_{0,tn} = -55{,}521; \qquad E_{st} J_c \overline{w}_{1,tn} = +259{,}031; \qquad E_{st} J_c \overline{w}_{2,tn} = +166{,}295;$$
$$E_{st} J_c \overline{w}_{3,tn} = +240{,}348; \qquad E_{st} J_c \overline{w}_{4,tn} = +55{,}521\,.$$

Aus der Biegelinie $\overline{w}_{tn}$ werden nun wieder die Starreinspannmomente $\overline{M}_{i,k,\overline{w}_{tn}}$ bestimmt.

$$\overline{M}_{i,k,\overline{w}_{tn}} = \frac{6\,v_{i,k}}{\lambda^2 \dfrac{J_c}{\overline{J}_i}} E_{st} J_c \,\Delta\, \overline{w}_{tn}\,.$$

Zum Beispiel:

$$\overline{M}_{1,2,\overline{w}_{tn}} = \frac{6 \cdot 0{,}776}{8{,}0^2 \cdot 1{,}0}\,(-92{,}735) = -6{,}749\,\text{tm}\,.$$

Nach dem Momentenausgleich der Starreinspannmomente ergeben sich dann folgende Stützmomente $Y_{i,tn}$:

Tabelle 17

Lastfall	$Y_{1,tn}$	$Y_{2,tn}$	$Y_{3,tn}$	$Y_{4,tn}$	
Schwinden	$-20{,}734$	$-28{,}009$	$-15{,}287$	$-31{,}983$	tm

5. Berechnung der Einflußlinie für X_1. a) Ohne Berücksichtigung der Biegesteifigkeit des Verbundgurtes. Wird $X_1 = 1{,}0$ t am statisch bestimmten Gelenksystem aufgebracht, so erhält man mit den W-Gewichten $E_{st} J_c W_1 = -0{,}046$; $E_{st} J_c W_2 = -0{,}246$; $E_{st} J_c W_3 = +0{,}151$ und dem Reduktionsfaktor $-\dfrac{1}{\delta_{aa}} = -\dfrac{1}{8{,}728} = -0{,}1146$ die von Knoten zu Knoten geradlinig verlaufende Einflußlinie.

b) Bei Berücksichtigung der Stützmomente Y_i. Bestimmt man zu der Biegelinie $\overline{w}_0$ aus den W-Gewichten W_1 bis W_3 die Starreinspannmomente und gleicht diese aus, so erhält man die Momente Y_i:

$$\overline{Y}_1 = -0{,}018\,\text{tm}; \qquad \overline{Y}_2 = +0{,}038\,\text{tm}; \qquad \overline{Y}_3 = +0{,}049\,\text{tm}; \qquad \overline{Y}_4 = -0{,}125\,\text{tm}\,.$$

5*

Jetzt ergibt sich ein Reduktionsfaktor $-\dfrac{1}{\delta_{11}} = -\dfrac{1}{8,626} = -0,116$ und nach Berechnung der neuen Biegelinie die geschwungene Einflußlinie, die der genauen Einflußlinie entspricht.

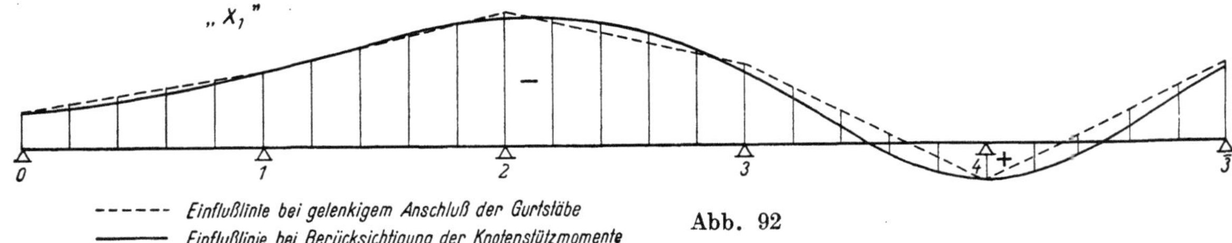

– – – – – Einflußlinie bei gelenkigem Anschluß der Gurtstäbe
———— Einflußlinie bei Berücksichtigung der Knotenstützmomente   Abb. 92

Der Verlauf der in Abb. 92 dargestellten Einflußlinie ist insofern ungewöhnlich, als das vorliegende Fachwerksystem im Verhältnis zur Stützweite überdimensioniert ist und deshalb die Ordinaten im Feld nur etwa den dreifachen Betrag der Stützenordinaten haben.

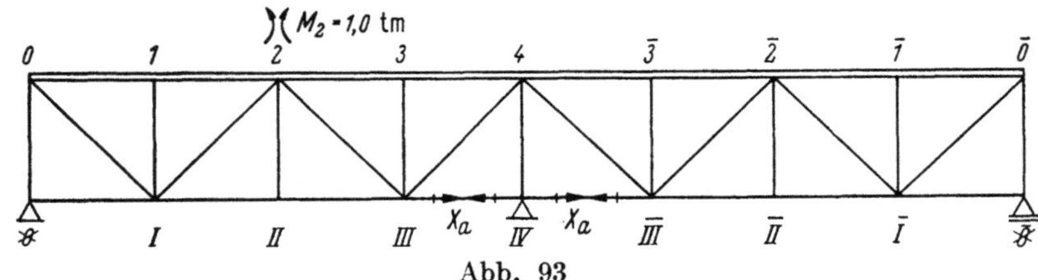

Abb. 93

6. Berechnung der Einflußlinie für das Stützmoment Y_2. Unter Wirkung von M_2 = 1,0 tm am statisch bestimmten Gelenksystem ergibt sich ein $X_a = -\dfrac{-0,246}{8,728} = +0,028\text{ t}$. Berücksichtigt man die Stabkräfte von X_a und M_2, so erhält man die W-Gewichte:

$$E_{st}\,J_c\,W_1 = +0,238;\qquad E_{st}\,J_c\,W_2 = -0,409;\qquad E_{st}\,J_c\,W_3 = +0,243\quad\text{usw.}$$

Aus der zugehörigen Biegelinie $\bar{w}_0$ und aus der direkten Wirkung von M_2 entstehen am biegesteif durchlaufenden Verbundgurt, der im Punkt $\bar{3}$ abgebrochen ist, die in Abb. 94 eingetragenen Starreinspannmomente und Endmomente:

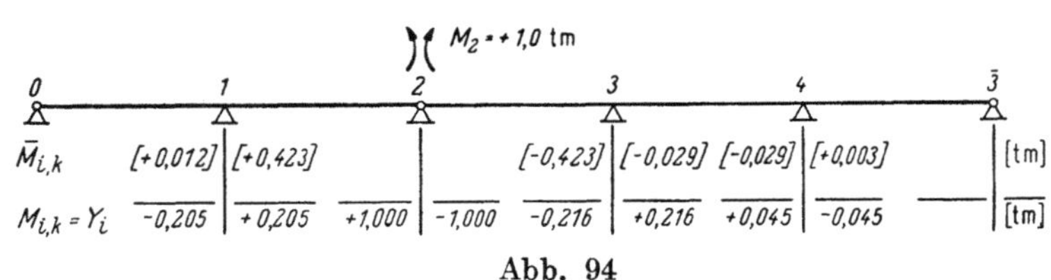

Abb. 94

Mit diesen Momenten und dem Reduktionsfaktor $-\dfrac{1}{\varphi_2} = -0,189$ erhält man die in Abb. 95 gestrichelt dargestellte Einflußlinie, die sich praktisch mit der genauen ausgezogenen Einflußlinie deckt.

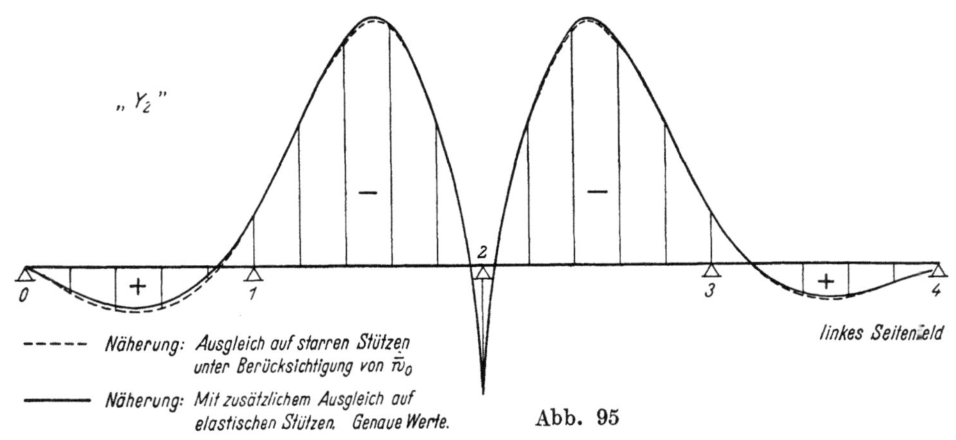

– – – – – Näherung: Ausgleich auf starren Stützen
            unter Berücksichtigung von $\bar{w}_0$

———— Näherung: Mit zusätzlichem Ausgleich auf
            elastischen Stützen. Genaue Werte.   Abb. 95

linkes Seitenfeld

Literaturverzeichnis

[1] Dischinger, F.: Der Massivbau. Taschenbuch für Bauingenieure.
[2] Sattler, K.: Theorie der Verbundkonstruktionen. Berlin: Ernst & Sohn 1953.
[3] Sattler, K.: Kriechen und Schwinden bei vorgespannten Verbund-Stahlbetonkonstruktionen und beliebigen Stahlträger-Verbundkonstruktionen.
[4] Sattler, K.: Eine einfache Näherungsberechnung für statisch unbestimmte vollwandige Stahl-Verbundkonstruktionen. Bautechn. 1954, Heft 3.
[5] Sattler, K.: Betrachtungen über Theorie und Anwendung von Verbundkonstruktionen. Veröff. Dtsch. Stahlbau-Verb. 4/54.
[6] Sontag, H. J.: Beitrag zur Ermittlung der zeitabhängigen Eigenspannungen in Verbundträgern. Doktor-Dissertation T.H. Karlsruhe 1951.
[7] Neunert, B.: Der Einfluß des Kriechens und Schwindens auf vorgespannte Stahlbetonteile. Doktor-Dissertation T.U. Berlin-Charlottenburg 1953.
[8] Kunert, K.: Beitrag zur Berechnung von Verbundkonstruktionen. Doktor-Dissertation T.U. Berlin-Charlottenburg 1955.
[9] Fröhlich, H.: Einfluß des Kriechens auf Verbundträger. Bauingenieur 1949.
[10] Kani, G.: Die Berechnung von mehrstöckigen Rahmen. Stuttgart: Wittwer 1949.
[11] Sattler, K.: Lehrblätter. Lehrstuhl für Stahlbau. Die Berechnung mehrstöckiger Rahmen. T.U. Berlin-Charlottenburg 1951.
[12] Schrader, H. J.: Die Vorberechnung der Verbundkonstruktionen. Berlin: Ernst & Sohn 1954.
[13] Müller, E.: Beiträge zur Ermittlung der kriechabhängigen Spannungen von Verbundträgern. Bautechn. 1955, H. 5.
[14] Fritz, B.: Vorschläge für die Berechnung durchlaufender Träger in Verbundbauweise. Bauingenieur 1950, H. 8.
[15] Steinhardt, O.: Zur Berechnung der Verbund-Fachwerkträger. Bautechn. 1951, H. 1.
[16] Hampe: Stahlbrücken mit unten liegender vorgespannter Stahlbetonfahrbahnplatte. Bauingenieur 1950, H. 8.
[17] Sattler, K.: Fachwerkverbundträger mit einem Stahlbetongurt. Bautechn. 1952, H. 5.
[18] Starke, J.: Verbundbrücken mit unten liegender Fahrbahn. Beton u. Stahlbeton 1953, H. 12.

If you have any concerns about our products,
you can contact us on
ProductSafety@springernature.com

In case Publisher is established outside the EU,
the EU authorized representative is:
Springer Nature Customer Service Center GmbH
Europaplatz 3, 69115 Heidelberg, Germany

Printed by Libri Plureos GmbH
in Hamburg, Germany